U0319832

 普通高等教育"十三五"规划教材

现代液压技术概论

宋锦春　编著

北　京

冶金工业出版社

2017

内 容 提 要

本书理论结合实际，较系统地介绍了现代液压技术，对现代液压技术的现状与发展趋势做了分析、研究及判断。全书共 10 章，分别阐述了现代液压系统发展的高压化、轻量化、模块化、集成化，液压新介质的发展，液压系统的比例伺服化，新材料、新工艺在液压系统设计中的应用，液压传动系统节能化，液压控制系统数字化在工业生产中的应用，现代液压技术发展智能化。

本书可作为高等学校相关专业的本科生或研究生教材，也可供从事液压技术研究、开发和应用的工程技术人员参考。

图书在版编目（CIP）数据

现代液压技术概论/宋锦春编著 . —北京：冶金工业出版社，2017. 10

普通高等教育"十三五"规划教材
ISBN 978-7-5024-7626-7

Ⅰ. ①现…　Ⅱ. ①宋…　Ⅲ. ①液压技术—高等学校—教材
Ⅳ. ①TH137

中国版本图书馆 CIP 数据核字 （2017）第 255472 号

出 版 人　谭学余
地　　址　北京市东城区嵩祝院北巷 39 号　邮编　100009　电话　(010)64027926
网　　址　www.cnmip.com.cn　电子信箱　yjcbs@cnmip.com.cn
责任编辑　宋　良　美术编辑　吕欣童　版式设计　孙跃红
责任校对　郭惠兰　责任印制　李玉山
ISBN 978-7-5024-7626-7

冶金工业出版社出版发行；各地新华书店经销；三河市双峰印刷装订有限公司印刷
2017 年 10 月第 1 版，2017 年 10 月第 1 次印刷
169mm×239mm；11.5 印张；223 千字；173 页
25.00 元

冶金工业出版社　投稿电话　(010)64027932　投稿信箱　tougao@cnmip.com.cn
冶金工业出版社营销中心　电话　(010)64044283　传真　(010)64027893
冶金书店　地址　北京市东四西大街 46 号(100010)　电话　(010)65289081(兼传真)
冶金工业出版社天猫旗舰店　yjgycbs.tmall.com
（本书如有印装质量问题，本社营销中心负责退换）

前　言

液压技术是一门相对年轻的技术学科。它集机械、流体、电子及控制技术于一体，实现机械装备的自动化控制，并可获得很高的动态响应和控制精度。目前，液压技术在各种自动化装备、军事装备、冶金设备及工程机械等领域得到了广泛的应用，已然成为衡量现代工业发展水平的重要标志。

作者结合三十五年从事液压专业教学及科研的工作经验，总结近十几年液压技术发展的趋势和动向，编写了本书，以供学习液压技术的学生、研究生和从事液压技术的工程技术人员使用。

书中介绍了液压技术在发展过程中表现出的一些特征，介绍了液压技术的发展趋势，例如，液压系统高压化、液压系统轻量化、液压系统集成化和模块化、液压新介质、液压伺服比例化、液压系统的新材料和新工艺、液压技术的节能化、液压技术的数字化以及液压系统的智能化。读者可以通过本书，对现代液压技术的发展趋势有较全面的了解。

本书在编写过程中，得到了许多人的帮助，其中宁夏理工学院的姚远、杨贺绪对本书进行了认真的审阅，提出了非常宝贵的意见和建议；研究生黄裘俊、张凯、蔡衍、赵云博、张坤等做了图表整理、格式排版、文字校对等工作，在此向他们表示衷心的谢意！

限于编者水平及对液压技术理解的不足，书中难免存在不当之处，诚请读者斧正。

作　者
2017 年 7 月

目　　录

$\boxed{1}$ 绪 论

1.1 液压技术发展历程

液压传动系统的功能是将动力从机械能形式转换成液体的压力能（简称液压能）形式。这一过程通过利用密闭液体作为媒介而完成。通过密闭液体研究力传递或运动传递的科学，称做"液压学"。

相比于机械学科，液压学是一门年轻的学科。液压传动基于密闭容器中流体的静压力传递力和功率这一原理来实现，该原理即法国人帕斯卡（Blaise Pascal）于 1650 年提出的封闭静止流体压力传递的帕斯卡原理。1686 年，牛顿揭示了动性流体的内摩擦定律。到 18 世纪，流体力学的两个重要方程——连续性方程和伯努利方程相继建立。这些理论成果为液压技术的发展奠定了理论基础。1795年，英国人约瑟夫·布拉曼（Joseph Bramah）发明了世界上第一台水压机，是他首先不仅利用水进行能量传递，而且进行传递过程控制，即控制水流方向，第一次将帕斯卡原理付诸实际应用。这标志着液压技术工程应用的开始。水压机的发明还与当时钢铁冶金、工程材料的发展及一些新的制造方法的出现密切相关。但是，直到 1850 年英国工业革命之后，液压技术才逐渐应用到实际工业中。由于这时候电能还未被发现和用做动力，因此，到了 1870 年，液压传动技术已经被用来驱动各种设备，如液压机、起重机、绞车、挤压机、剪切机和铆接机等。在这些系统中，使用蒸汽机驱动水泵，在一定压力下通过管道将压力流体（水）送到加工车间，驱动各种机械设备。

然而早期的以水为介质的液压传动系统具有许多缺点，如泄漏和密封问题，水的润滑性差，工作温度范围小，零部件容易锈蚀。同时，随着电气技术的发展和电机驱动的应用，直到 19 世纪末之前，液压传动技术没有明显的发展和进步。早在 1748 年和 1754 年，沙俄政府的矿务总局和金银化验局先后对采自乌赫特河和索卡河的原油进行过实验室的分析和化验，用曲颈烧瓶做了原油蒸馏试验，取得了馏出物。1823 年，俄国的瓦西里·阿列克谢维奇·杜比宁和他的两个兄弟——盖拉西姆和马卡尔建立了第一座炼油厂。直到 1905 ~ 1908 年，威廉斯（H. Willians）和詹尼（R. Janney）两位英国工程师发明了用矿物油作工作介质的轴向柱塞式液压传动装置以后，矿物油替代了水作为工作介质，在很大程度上解决了密封和锈蚀等问题，液压传动技术的境况才有所改观。1910 年及 1922 年，海勒·肖（Hele Shaw）及汉斯·托马研制出用油作工作介质的径向柱塞泵；1926 年，第一套由泵、控制阀和执行元件组成的集成式液压系统在美国诞生；1936 年，哈里·威克斯（Harry Vickers）又发明了先导式溢流阀；特别是 20 世纪 30 年代丁酯橡胶等新型密封材料的应用，使得液压传动逐步取代水压传动，并得到迅速的发展。此外，在液压元件方面还值得一提的是，简·默西埃（Jean Mercier）于 1950 年研制成功了气液隔离式气囊蓄能器。

第一次世界大战（1914~1918）后，液压传动技术得到了广泛应用，特别是在 1920 年以后，发展更为迅速。液压元件大约在 19 世纪末 20 世纪初的 20 年间，才开始进入正规的工业生产阶段。1925 年，维克斯（F. Vikers）发明了压力平衡式叶片泵，为近代液压元件工业或液压传动的逐步建立奠定了基础。20 世纪初，康斯坦丁尼斯克（G. Constantinisco）对能量波动传递所进行的理论及实际研究，以及 1910 年对液力传动（液力联轴节、液力变矩器等）方面的贡献，使这两个领域得到了发展。

第二次世界大战（1941~1945）期间，美国机床中有 30% 应用了液压传动。应该指出，日本液压传动的发展较欧美等国家晚了许多年。在 1955 年前后，日本液压传动技术得到了迅速发展。

从第一台水压机出现到现在已有二百多年的历史了，其中经历了两次世界大战。特别是第二次世界大战期间，由于军事工业迫切需要反应快、动作准确、功率大的液压元件、液压传动系统和伺服控制系统，以便用于飞机、坦克、高射炮、舰、艇等装备和武器方面的控制系统以及雷达、声呐的驱动系统，促进了液压技术及其自动控制技术的进一步发展。1906 年前，液压传动与控制技术应用于海军战舰炮塔的俯仰控制。1914 年，液压伺服控制技术出现在海军舰艇舵机的操控装置上。1932 年，Harry Nyquist 发表了关于奈奎斯特判据的论文。1934 年，伺服机构（servomechanism）一词出现，Harold Locke Hanzen 给出了定义："一个功率放大装置，其放大部件是根据系统输入与输出的差来驱动输出的。"1939 年前，液压控制技术得到高速发展，射流管阀、喷嘴挡板阀等许多控制阀出现；出现一种具有永磁马达及接收机械和电信号两种输入的双输入阀，并在航空领域得到应用。1940 年，滑阀特性和液压伺服控制理论研究出现。Hendrik Bode 发表了关于最小相位系统幅频特性和相频特性关系的 Bode 定理。1945 年，用螺线管驱动的单级开环控制阀建立的液压伺服系统出现。

第二次世界大战以后，液压技术的研究与应用得到了迅速发展。1946 年，伺服阀的关键组件及技术相继出现，例如力矩马达、两级阀、带反馈的两级阀，在飞机上采用 21MPa 液压控制系统。美国麻省理工学院的布莱克本（Blackbum）、李诗颖等人对液压伺服控制问题作了深入的研究，于 1958 年制造出了喷嘴挡板型电液伺服阀，于 1960 年出版了《流体动力控制》这部做出杰出贡献的重要著作。液压技术的应用也迅速转入民用工业，在机床、工程机械、船舶机械、锻压机械、冶金机械、农业机械以及汽车、航空航天部等部门得到了广泛应用。

由于矿物油易燃，在高温、明火、矿井等特殊环境下，乳化液等合成流体逐步取代了矿物油作为液压系统的工作介质。由于伺服阀的造价高，抗污染能力差，20 世纪 60 年代末，比电液伺服阀价格低廉、维护容易且具有一定控制精度的电液比例阀应运而生。1967 年，瑞士 Beoringeir 公司率先生产出 KL 型比例复合阀，标志着液压比例技术的诞生。到 1970 年代初，日本油研公司研制出压力和流量两种比例阀并获得了专利。这段时间，主要是以比例型电-机械变换器，例如比例电磁铁、伺服电机、动圈式力矩马达等，取代普通液压阀中的手动调节装置和普通电磁铁，实现电液比例控制，而阀内的结构和设计准则几乎没有什么变化。从性能上说，其频宽 1~5Hz，滞环 4%~7%，多数只用于开环控制。从 1975 年到 1980 年，比例技术进入其发展的第二阶段，比例器件普遍采用了各种内反馈回路，同时研制出耐高压的比例电磁铁，与之配套的比例放大器也日趋成熟。从性能上说，比例阀的频宽已达 5~15Hz，滞环缩小到 3% 左右，不仅用于开环控制，也广泛用于各种闭环控制系统中。

20 世纪 80 年代以来，比例技术进入了飞速发展阶段，并取得了长足的进步，具体体现在：

（1）设计原理进一步完善，通过液压、机械以及电气的各种反馈手段，使比例阀的性能（如滞环、频宽等）同工业伺服阀接近，只是受制造成本所限，尚存在一定的中位死区。

（2）比例技术同插装技术结合，开发出二通、三通比例插装阀。

（3）研制出各种将比例阀、传感器、电子放大器和数字显示装置集成在一起的机电一体化器件。

（4）将比例阀同液压泵、液压马达等组合在一起，构成节能的比例容积器件。

我国的液压工业开始于 20 世纪 50 年代，目前正处于迅速发展、提高的阶段。其产品最初只用于机床和锻压设备，后来才用到拖拉机和工程机械上。自从 1964 年从国外引进一些液压元件生产技术，同时进行自行设计液压产品以来，我国的液压件生产已从低压到高压形成系列，并在各种机械设备上得到了应用。自 1980 年代起，更加速了对国外先进液压产品和技术的有计划引进、消化、吸收和国产化工作，以确保我国的液压技术能在产品质量、经济效益、研究开发等各个方面全方位地赶上世界水平。但由于起步较晚和一些相关技术的影响，我国液压传动技术与国外先进水平相比还存在一些差距，主要表现在：产品质量不稳定，可靠性差，寿命短。有些新的应用领域如航空航天、海洋工程、生物医学工程、机器人、微型机械及高温、明火环境下的液压技术和所需的一些特殊元件，研究开发工作还没能满足需要。液压工业已成为影响我国机械工业和扩大机电产品国际贸易的关键技术和瓶颈产业。迅速改变这种状况，是我国液压技术界和工业界所面临的迫切任务。

经过近半个世纪的进一步发展，液压技术已成为包括动力传动、控制、检测在内，对现代机械装备的技术进步有重要影响的基础技术，广泛用于各工业部门和领域。例如，国外生产的95%的工程机械、90%的数控加工中心、95%以上的自动化生产线都采用了液压传动技术。液压技术的应用对机电产品质量的提高起到了极大的促进和保证作用，世界上先进的工业国家均对液压技术的发展给予了高度重视，应用液压技术的程度已成为衡量一个国家工业水平的重要标志。

1.2 液压技术存在的理由及优势

液压技术源于传统机械技术，又融合了控制理论、精密制造、新材料、自动化和智能化的检测、传感器以及信息技术等。液压产品和装置本身是一种技术的融合和系统集成。目前，液压技术已经被广泛应用到国民经济的各个行业中，遍及各个工业领域。从工农业生产到军用国防尖端产品，从重型工业到轻工业，从一般的传动系统到精确度要求很高的控制系统，可以说是上至蓝天、下至海底，各种各样的液压传动装置随处可见。如一般工业用的塑料加工机械、压力机械、机床；行走机械中的工程机械、建筑机械、农业机械、汽车；钢铁工业用的冶炼机械、提升装置、轧辊调整装置；水利工程用的防洪闸门及堤坝装置、河床升降装置、桥梁操纵机构；发电厂涡轮机调速装置、核发电厂；船舶用的甲板起重机械（绞车）、船头门、舱壁阀、船尾推进器；特殊技术用的巨型天线控制装置、测量浮标、升降旋转舞台；军事工业用的火炮操纵装置、船舶减摇装置、战备物资搬运机器人、飞行器仿真、飞机起落架的收放装置和方向舵控制装置等。液压传动、机械传动和电气传动的综合应用已成为现代机械制造业中不可或缺的一部分。

液压技术之所以被广泛应用，是因为液压技术有如下优势：

1.2.1 液压系统是一种经过漫长时间合理完善的仿生机械

液压技术已经历了100多年的发展历史，自问世以来发展很快，已成为工业生产中必不可少的技术之一。随着近50年的科学技术的进步与发展，液压技术已经成为了一门影响现代机械装备技术的重要基础学科和基础技术。在现代工业的发展历程中可以看到液压技术的发展身影，也可以看到控制技术等的发展痕迹。更重要的是，液压控制技术的发展过程，自然地体现了多学科多领域技术融合的过程。液压技术的发展正向着高效率、高精度、高性能方向迈进。液压元件向着体积小、重量轻、微型化和集成化方向发展。新兴的液压技术正在开拓，计算机的应用更是大大推进了液压技术的发展，像液压系统的辅助设计、计算机仿真和优化、微机控制等工作，也都取得了显著成果。当前，液压技术在实现高压、高速、大功率、高效率、低噪声、长寿和高度集成化等各项要求方面都取得了重大的进展，在完善比例控制、伺服控制、数字控制等技术上也取得许多新成就。

1.2.2 大推力直线运动、大扭矩回转运动、高精度和高响应等特点无可取代

（1）承载能力大。液压传动易于获得很大的力和转矩，因此广泛用于压制机、隧道掘进机、万吨轮船操舵机和万吨水压机等。

（2）理想的增力系统。液压系统是一个简单而且高效的增力系统，它无需借助笨重的机械传动（如杠杆、滑轮、齿轮等），可以轻而易举地实现增力和增大扭矩。例如大型液压机的液压系统，只要给操作手柄几十牛甚至更小的力，就可以产生成千上万吨的压力。这一特点增加了液压传动与控制系统的柔性，扩大了它的应用范围和领域。

（3）与其他传动方式相比，液压传动系统具有一个显著的特点，就是可以输出恒定的力和扭矩。不管速度如何变化，它都可以保证为负载提供连续稳定不变的力和扭矩。这对于要求负载速度（或转速）经常改变，又要求恒定力（或扭矩）的场合，是非常适合的。

（4）易于精确控制。只要简单地操作手柄按钮，操作人员即可实现对液压系统及其执行机构的动作控制，如启动、停机、加速或减速等，或在任何时候、任何位置控制执行机构反向运动。此外，由于几乎不受执行机构和机械系统运动惯性的影响，液压系统具有较高的控制精度。这对于控制大型负载设备，提高加工过程和生产工艺流程自动化方面，是非常重要的。由于液压油具有流动性和几乎不可压缩性等特点，因此与气动控制相比，液压控制更容易实现执行元件运动速度和位移的精确控制，提高系统的响应灵敏度和动态特性。

1.2.3 柔性安装形式

系统设计柔性化。液压系统由各个单元组成，而每个单元在结构上可独自一体然后通过刚性或柔性管路联接。设计人员可以根据传动的目的和控制要求，充分利用各种执行元件、控制元件和动力元件的功能，加大想象空间，设计出多种方案。可以充分发挥设计人员想象力、创造力和智慧，通过研究、比较，确定更高效、更优化、更经济的设计方案。

利用设备结构中的壳体、腔体构件，如机床床身等，作为液压油箱存放液压

油，既未影响主机强度，又能节省空间。

利用叠加阀及近十几年出现的插装阀的安装灵活性，在主机体不占合理空间的位置上实现液压系统的控制调节功能。

液压执行器，如液压缸、液压马达，体积小、功率大，安装灵活方便，从而省去传统机械设备的减速器等笨重装置，大大简化了主机结构。

在相对较远距离和位置安放液压系统动力装置，使其只占用相对不重要空间，如轧钢机通常将液压系统置于地下室内，避免占用有用空间，也有效降低了噪声。

液压泵也可灵活地直接连接原动机（如内燃机），取代传统原动机带动发电机产生电能，电能驱动电机旋转带动液压泵旋转这一过程。

1.2.4　能量回收功能的节能方式

（1）二次调节不仅能方便地实行各种控制规律，更重要的是具有能量回收与重新利用的功能。它能减小泵站的安装功率，减少冷却费用和设备总投资，对大中功率的场合节能效果十分显著。系统具有良好的静动态特性，随着不断深入地研究，必将得到越来越广泛的应用。

（2）二次调节压力耦联系统具有如下特点：

1）恒压油源直接与二次元件相连，系统压力基本保持不变。因此，避免了液压系统原理性的节流损失，系统效率高。

2）通过改变二次元件的排量，可以实现对输出转矩的控制，也可以实现对二次元件的旋转方向的控制。二次元件可以工作在四个象限内，为能量的回收再利用提供了条件。

3）液压蓄能器可以暂存系统过剩的能量，并且这部分能量可以用到下次的加速场合。这样就提高了设备的效率。

4）二次元件排量随负载的变化而变化，从而达到功率匹配。

5）液压蓄能器可以吞吐能量，使系统不会形成压力尖峰。这样可以减少安全阀的能量损失，降低用于冷却的功耗。

6）二次调节系统可以方便地实现位能和惯性能的回收和再利用。

7）应用于恒压网络中时，可以方便地实现对互不相关的负载运动的控制，从而易于实现群控节能。同时，发动机功率可以按略高于负载功率和的平均值选取，这就降低了对液压泵站功率的要求，节约了装机成本。

8）二次调节系统有其新的控制方法，能很方便地实现转矩、转速、转角和功率等参数的控制。

由于二次调节所具有的特点，它特别适用于工程机械和那些周期性地在短时间内需不断加速和制动的大中功率场合，节能效果十分显著，且改善了系统的控制性能。应用于工程车辆上，如挖掘机和市内公共汽车，可回收与重新利用制动能量。应用于起重机上，如矿山用提升机和船用甲板机械，可回收与重新利用重物的势能。

1.2.5 与电子信号及计算机结合形成机电一体化自动控制

20世纪60年代以来，随着原子能、航空航天、微电子技术的发展，液压技术在更深、更广阔的领域得到了应用，60年代出现了板式、叠加式液压阀系列，发展了以比例电磁铁为电气-机械转换器的电液比例控制阀，并被广泛用于工业控制中，提高了电液控制系统的抗污染能力和性能价格比。70年代出现了插装式系列液压元件。80年代以后，液压技术与现代数学、力学和微电子技术、计算机技术、控制科学等紧密结合，出现了微处理机、电子放大器、传感测量元件和液压控制单元相互集成的机电一体化产品（如美国Lee公司研制的微型液压阀等），提高了液压系统的智能化程度和可靠性，并应用计算机技术开展了对液压元件和系统的动、静态性能数字仿真及结构的辅助设计和制造（CAD/CAM）。如前所述，随着科学技术的进步和人类环保、能源危机意识的提高，近20年来，人们重新认识和研究历史上以纯水作为工作介质的纯水液压传动技术，并在理论上和应用研究上，都得到了持续稳定的复苏和发展，正在逐渐成为现代液压传动技术中的热点技术（Emerging Technology）和新的发展方向。

在液压元件和液压系统的计算机辅助设计、计算机仿真和优化以及微机控制等开发性工作方面，日益展现出显著的成绩。微电子技术的进展，渗透到液压与气动技术中并与之结合，研制出很多高可靠性、低成本的微型节能元件，为液压气动技术在工业各部门中的应用开辟了更为广阔的前景。

与微电子结合，走向智能化。液压技术从20世纪70年代中期起就开始和微电子工业接触，并相互结合。在迄今40多年时间内，结合层次不断提高，由简单拼装、分散混合到总体组合，出现了多种形式的独立产品，如数字液压泵、数字阀、数字液压缸等，其中的高级形式已发展到把编程后的芯片和液压控制元件、液压执行元件、能源装置、检测反馈装置、数模转换装置、集成电路等汇成一体。这种汇在一起的联结体，只要一收到微处理机或微型计算机处送来的信息，就能实现预先规定的任务。

液压打包技术在与微电子技术紧密结合后，在微型计算机或微处理机的控制下，可以进一步拓宽它的应用领域，形形色色机器人和智能元件的使用不过是它最常见的例子。目前国外已在着手开发多种行业能通用的智能组合硬件，它们只需配上适当的软件，就可以在不同的行业中完成不同的任务。这样一来，用户的主要技术工作将只是挑选硬件、改编或自编计算程序了。综上所述，可以看到液压元件将向高性能、高质量、高可靠性、系统成套方向发展；向低能耗、低噪声、低振动、无泄漏以及污染控制、应用水基介质等适应环保要求方向发展；开发高集成化高功率密度、智能化、机电一体化以及轻小型微型液压元件；积极采用新工艺、新材料和电子、传感等高新技术。

由于液压传动的控制和调节比较简便，可以和电气控制配合使用，实现各种复杂的程序动作和远程控制。

随着计算机技术的发展，使得许多过去难以解决和实现电液控制的问题，如时变控制、非线性控制、多变量控制以及自适应控制等，都可以借助于计算机来实现。目前它们已广泛应用于液压控制系统中。计算机在液压控制系统中的应用，不但使得控制简单、可靠性提高，而且促成了新型液压元件的出现，如电液伺服阀、电液比例阀、数字阀、数字缸和电液集成块等。

A　计算机应用于最优控制和自适应控制系统

最优控制和自适应控制系统是基于现代控制理论发展起来的。在最优控制系统中，由计算机组成最优反馈控制器，以受控系统的状态作为反馈，根据预先设定的性能指标，使系统在随机干扰作用下保持最优的控制效果。

在自适应控制系统中，计算机组成的控制器能根据受控系统的外界环境和工作条件的改变，使控制器本身的参数或结构自动做出相应的变化，使系统的性能保持最优。对闭环系统，自适应控制部分可以用于环内或环外。环内自适应控制是对负载的变化或增益的变化进行补偿；环外自适应控制是测量系统的真实输出，并将其与所希望的输出值进行比较，以补偿其差别。

正是有了计算机技术的飞速发展，最优控制和自适应控制才发展起来。目前，这两种控制系统已广泛应用于飞机、导弹等尖端技术中，并扩展至精密机械制造行业。

B　计算机应用于多余度控制系统

应用了计算机的电液控制系统的多余度技术，首先在航天器中使用。在多余度控制系统中，每个容易损坏的元件都带有一个或几个备用元件。计算机监测每个容易损坏的元件，当正在使用的元件出现损坏或出现故障时，便立即用备用元件进行替换，使整个系统继续保持正常工作。采用计算机的灵活多余度控制系统，能够根据失效的地点和损坏的严重程度来采取最适当的处理措施。它并不一定去完全替换某一元件，而是根据系统的损坏地点和元件的损坏情况，继续使用元件未损坏的部分，由此增大系统的有效工作时间和可靠性。

在工业控制系统中，当发生故障所引起的损失超过多余度的代价时，也要采用多余度控制系统。

C　计算机应用于时间优化控制系统

在时间优化控制系统中，通过计算机的作用，可以使被控制的动作在多次重复中逐步得到改进，由此达到优化。例如，采用电磁换向阀控制液压缸来驱动负载，要求负载停止在所需位置。由于负载具有惯性，必须在负载运动尚未到位之前将电磁阀关闭。但由于对影响液压缸运动的许多因素不能预知，所以要准确地确定提前关闭电磁阀的时间是困难的。而采用计算机进行控制时，可以将电磁阀的关闭点和负载的停止位置记录下来，并在每一次重复动作时，都对前一次动作的有关控制参数进行修正。这样多次重复后，就可以达到最佳的控制效果。

随着液压技术在各行业的广泛应用，各种液压设备装置的功能越来越强，自动化程度越来越高，控制系统也越来越复杂。因此，人们对控制系统的要求越来越高，尤其是在更加灵活通用、易于维护、经济可靠等方面。计算机与各种电磁阀、电液伺服阀、数字阀、数字缸、电液集成块的结合使各种控制问题变得越来越简单，但还有不少问题有待于解决。由于电液集成大大方便了计算机控制，突破了传统的阀类控制形式，所以计算机在液压技术中的应用，将使电液进一步集成化、标准化、系列化。每一块电液集成块完成一个特定功能，整个回路的功能只需将几块集成块插装在一起，当需要调整或改变回路功能时，只需调换某一或几块集成块即可。有的集成块带有与计算机的标准接口，使整个系统的连接就像计算机系统的连接一样简单。

这便满足了灵活通用、可靠及易于维护的要求。新的制造技术也将满足其经济性的要求。提高了设备的自动化程度和控制精度，制造技术也随之提高，各种集成和元件的制造更加简单可靠。它们之间互相促进，互相依存。计算机在液压系统中的广泛应用也将促使各种新的液压元件出现，也会出现各种简单实用的界面友好、操作简单的应用软件。应用时，只须将工程中的各个参数输入到计算机中，选择需要控制的对象，即可实现各种控制功能。

1.3 液压技术发展趋势

液压传动技术得到了广泛的应用，并且仍在不断地改革与发展。在液压技术的发展过程中，随着科技的进步，液压技术逐渐融合了电子技术、计算机集成设计技术、信息技术等，在技术水平、工作效率等方面都得到了很大提高。二通插装阀集成阀块融合了比例控制技术、机电液一体化技术、集成模块化技术、精密制造技术等，已成为液压件行业最为突出的技术特点与发展趋势。

为了和最新技术的发展保持同步，液压技术必须不断发展，不断提高和改进元件和系统的性能，以满足日益变化的市场需求。这是液压技术的创新特征。液压技术的不断发展体现在以下一些比较重要的特征上。

1.3.1 高压化

液压系统在相同功率的情况下，提高工作压力可以降低流量，使泵的排量降低，液压管路管径变小，零件体积减小，从而达到轻量化、节省材料和空间的目的。采用高压可以有效提高功率密度和降低成本。

液压泵和液压马达采用高压化以后，外形尺寸减小，重量减轻，有利于装置的控制性及响应性的提高。近年来，高压结构强度问题得以解决，高压下泄漏减少，滑动面间的润滑、摩擦和材料质量研究取得了进展，防止滑动面的烧损已有较可靠的措施。这些都使液压泵和液压马达的高压发展具备了一定的技术基础。

1.3.2　轻量化

液压系统的轻量化是在保证液压系统完整功能的前提下，尽量减少液压系统的重量和体积，以提高液压系统的工作效率，并减少所占用的空间，便于安放。液压元件和液压系统的轻量化设计已成为当前液压传动的重要研究课题之一，尤其在要求液压元件或系统具有较高功率密度比的领域，如航空航天、行走机械、船舶机械等。轻量化设计是在满足结构强度、刚度和工作要求的前提下，采用轻量化材料进行等强度的设计，并合理减小结构尺寸，达到节约用材、减少排放的目的。

1.3.3　模块化和集成化

液压系统由管式配置经板式、箱式、集成块式发展到叠加式、插装式配置，使连接的通道越来越短。也出现了一些组合集成件，如把液压泵和压力阀做成一体，把压力阀插装在液压泵的壳体内。把液压缸和换向阀做成一体，只需接一条高压管与液压泵相连，一条回油管与油箱相连，就可以构成一个液压系统。这种组合件不但结构紧凑、工作可靠，而且简便，也易于维护保养。

液压技术与电子技术结合的过程中，液压技术自身也在迅速地提升与演进，不断向高压、大流量、集成化等方向发展。液压件也日渐集成化、模块化，其突出的表现便是液压阀的集成模块化趋势。液压阀由于具有标准化、组合化和通用化的良好基础，在其演化发展历程中始终伴随着集成化和模块化。液压阀产品在功能、结构和接口层面不断得到改进。在连接方式上，液压阀最初通过管道采用螺纹接头和法兰连接；此后，为了克服管式连接的缺点，引进了过渡底板，使得板式连接和管道安装得到兼顾；后来，随着少管化和无管化的发展，出现了公用过渡块和叠加式连接；随着设计和工艺技术的进步，集成化进一步得到发展，液压控制元件也进一步从"安装面"模块化叠加到"安装孔"块式集成；最后，以集成块为主的液压控制形式迅速普及和多样化，集成块日趋多样化和定制化。

1.3.4　液压新介质

随着密封技术的发展，矿物型液压油以良好的性能取代水成为主要的传动介质，推动了液压技术的进步。但是传统液压技术的一些弊端依然存在，如泄漏造成环境污染，不能由计算机直接控制，带运动件的阀、泵等制造精度要求高，导致成本较高，精密元件抗污染能力差等许多问题。随着近年来人们对环境保护和节能的重视，西方各国政府制定相应的法律、法规，从而激励了人们研究洁净的新的液压介质来代替旧有的液压油。就目前国内外的研究情况而言，液压油已经呈现了两种新的发展趋势——环保化和智能化。

1.3.5 液压伺服比例化

传统的液压开关控制不能满足一般工业的高质量控制要求，在这种情况下，介于开关控制和伺服控制之间的电液比例控制技术发展起来了。它的出现使很大一部分普通液压控制变成了电液比例控制。液压伺服系统是使系统的输出量（如位移、速度或力等）能自动、快速而准确地跟随输入量变化，与此同时，输出功率被大幅度地放大。但传统的电液伺服阀对流体介质的清洁度要求十分苛刻，制造和维护成本高昂，系统能耗较大，难以为工业用户所接受。而电液比例控制系统以其响应速度快、负载刚度大、控制功率大等独特的优点，在工业控制中得到了广泛的应用，其较强的抗油污能力和低廉的价格，具有很强的市场竞争力。

1.3.6 新材料和新工艺

新型材料的使用，如工程陶瓷、工程塑料、聚合物或涂敷料，可使液压元件质量提高、成本降低，促进液压技术新的发展。采用新型磁性材料，可以提高磁通密度，增大阀的推力，进而增大阀的控制流量，使系统响应更快，工作更可靠。采用菜油基、合成脂基或者纯水等降解迅速的工作介质替代矿物液压油，已受到美国、日本、欧盟等国的高度重视。铸造工艺的发展，对优化液压元件内部流动，减少压力损失和降低噪声，实现元件小型化、模块化，都有良好的促进作用。

1.3.7 节能化

液压系统在机械装置和设备中的应用十分广泛，但液压传动存在多次能量转换，其效率较低。液压系统在传递运动过程中的功耗都变成热能，使系统温度升高，引起很多不良影响。液压系统的每个组成部分，在系统工作时都会产生能量损耗，因此，必须合理使用高效率的液压元件，合理设置和分配原件，正确选择油液，并对系统进行综合调节，以提高系统的效率。随着科技的发展，越来越多的数字技术和软件技术整合到液压节能技术中，液压节能技术正在向着稳定高效的方向发展。从目前国内外液压节能技术的发展状况来看，主要有以下特点：
（1）开发新动力系统，国内外越来越多的以电力驱动和混合动力系统的液压机械出现；（2）采用高精度新型液压元件，减少液压元件中液压油的泄漏，提高元件的使用寿命；（3）结合电控技术改进传统的液压系统，以减少节流损失、溢流损失和沿程压力损失；（4）采用更佳的控制方式，提高了控制的准确性；（5）动力源输出功率控制更加智能化，采用电子控制系统对动力源的输出功率与工作状况进行综合控制，使两者达到最佳匹配；（6）提高液压油的净化处理能力，控制液压油的泄漏；（7）对液压系统中可回收的能量进行回收再利用。

1.3.8　数字化

数字化控制早在 20 世纪 80 年代已经开始研究和应用。随着液压伺服控制技术和计算机电子技术的结合，数字化液压控制系统和数字液压元件不断涌现。

与比例控制和伺服控制等模拟量液压控制技术相比，数字化液压控制可靠性更好，抗干扰能力更强，性价比更高，且易于与计算机通信。目前，为实现液压系统的高速、高精度控制，数字控制技术被认为是最理想的方法之一。

著名液压传动控制专家杨世祥曾给出这样的定义：数字液压就是通过软件编程，实现庞大的、复杂的、依靠硬件集成实现的液压系统的所有功能，相当于当年PLC 取代庞大的配电盘。这就是技术的进步，液压也必将走向全数字液压新时代。

1.3.9　智能化

液压技术从 20 世纪 70 年代中期起就开始与微电子工业接触，并相互结合。在迄今 40 多年时间内，结合层次不断提高，由简单拼装、分散混合到总体组合，出现了多种形式的独立产品，如数字液压泵、数字阀、数字液压缸等，其中的高级形式已发展到把编程了的芯片和液压控制元件、液压执行元件、能源装置、检测反馈装置、数模转换装置和集成电路等汇成一体，这种汇在一起的联结体只要一收到微处理机或微型计算机处送来的信息，就能实现预先规定的任务。

液压技术的智能化阶段虽然开始不久，但是从它的点点滴滴实践成功的事例来看，成果已非常诱人。例如，折臂式小汽车装卸器能把小汽车吊起来，拖入集装箱内，按最紧凑的排列位置堆放好，最多时能装入 8 辆。装卸器内装有微型计算机，它能按预定程序操纵 8 个液压缸，在传感器的配合下协调连杆机构的动作，完成堆装任务。卸车时的操作，则按相反的顺序协调动作。

液压技术在国民经济中的作用是很大的，它常常可以用来作为衡量一个国家工业水平的重要标志之一。与世界上主要的工业国家相比，我国的液压工业还是相当落后的，标准化的工作尚需继续完善，优质化的工作有待快速展开，智能化的工作则刚刚起步。须奋起直追，才能迎头赶上。可以预见，为满足国民经济发展的需要，液压技术将继续得到飞速的发展，在各个工业部门中的应用也将越来越广泛、深入。

液压系统的高压化

2.1 液压系统的压力分级

GB/T 2346—1988 标准规定的液压系统压力分级如表 2.1 所示。

表 2.1 液压系统压力分级

级别	低压	中压	中高压	高压	超高压
压力范围/MPa	<2.5	2.5~8	8~16	16~32	>32

根据液压系统压力分级可知，目前的液压系统压力值还处于较低水平，高压化就是将液压系统的压力提高到一个更高的可行的水平。

2.1.1 液压系统高压化

液压机械的优点之一是功率密度大。关于功率密度，目前尚无严格的定义，一般是指单位重量的功率，亦可理解为最大输出功率与重量之比。也就是说，对于输出同样功率的机械，功率密度越大，重量就越轻。因此在建筑机械、车辆等移动机械中，液压传动一直保持其优越性。在机床、注塑成形机等类固定机械上，大多优先考虑控制性能，而不是功率密度，所以未能发挥液压传动的优越性。进一步提高功率密度的手段之一就是高压化。

对现有的液压机械进行高压化时，压力与重量未必成比例变化。如重新设计液压机械时，其压力为原来的 2 倍，重量就不会是原来的 2 倍。这从最高使用压力分别为 14MPa 和 28MPa 的液压设备的重量比较中可见。另外，泵、阀、马达的功率密度各有差别，皆由这些部件的机能及其负载率不同所致。一般来说，马达的功率密度最高。

2.1.1.1 功率密度

机械设计师在选择动力源时，是选择电气驱动还是液压驱动，其依据之一就是功率密度。电气驱动功率密度与液压驱动功率密度作比较的情况如表 2.2 所列。由表 2.2 可知，液压驱动方式的功率密度具有绝对优势。有效地利用这一优势，对于移动机械来说是极为重要的。

表 2.2　各种驱动方式的功率密度比较

驱动方式	功率密度/kW·kg⁻¹
液压马达	2.7~8.4
交流感应电机	0.09~0.12
交流伺服电机	0.05~0.15

2.1.1.2　对高压的理解

所谓高压，是指多高的压力水平呢？对此人们各有不同的理解，大致的情况是德国高于日本，日本高于美国。虽然对基本的高压定义尚未确切定论，一般的理解为：德国 38~45MPa；日本 32~45MPa；美国 28~32MPa。然而，根据应用领域的不同也大有差异。表 2.3 所列为德、日、美通用泵的比较结果。

表 2.3　德、日、美产液压泵性能比较

项目	德 B 公司	日 K 公司	美 P 公司
排油容积/cm³·rev⁻¹	71	63	80
额定压力/MPa	34.3	31.4	24.5
瞬间最高压力/MPa	39.3	34.3	30.9
最高转速/r·min⁻¹	2200	2600	1800
最大输出功率/kW	91.0	58.0	57.8
重量/kg	53	48	60

由表 2.3 可以推断出各国的应用情况如下：

（1）德国。建筑机械等车辆的行驶大多采用 HST（Hydrostatic Transmission），并且功率较大。另外，锻压机等机械设备以液压式占主导地位。由此，人们对液压设备实现高压化的要求很强烈，很少有反对意见。

（2）日本。近来大功率重负荷推广应用 HST，高压化正在发展之中。但由于高压化而引起周边部件成本上升，故有不少反对意见。

（3）美国。车辆用 HST，中小功率轻负荷占了主要比重，成本是最优先考虑的因素，普遍认为没有必要强行实现高压化。

2.1.2　液压技术高压化的意义

液压系统在相同功率的情况下，提高工作压力可以降低流量，使泵的排量减少，液压管路管径变小，零件的体积减小，从而达到轻量化、节省材料和空间的目的。采用高压可以有效提高功率密度，降低成本。

液压泵和液压马达高压化以后，外形尺寸减小，重量减轻，有利于装置的控制性及响应性的提高。近年来，高压结构强度问题的解决，高压时泄漏的减少，滑动面间的润滑、摩擦和材料质量研究的进展以及防止滑动面的烧损，已有较可靠的措施，使液压泵和液压马达的高压化发展有了一定的技术基础。液压泵和液压马达的高压化在未来潜艇技术的发展上有着不可替代的作用。

2.2 液压技术高压化的发展应用

液压系统的高压化技术在提高系统工作能力和提高整体系统的轻小型进程上，有着至关重要的作用。下面针对液压技术的高压化应用做简单介绍。

2.2.1 液压技术高压化在航空领域的应用

第二次世界大战前和大战中，飞机的液压系统主要用于收放起落架。它的工作压力大致在 70~105MPa。二战后，出现了变流量泵和弹性体油缸密封环，使液压油的压力达到了 21MPa。后来，极限压力一直保持在这一水平，在长达 40 年的时间内，变化不大。然而现代飞机对液压系统的要求越来越苛刻，它要求液压泵的功率和压力继续增大，而分配给液压系统的空间和重量越来越小。因为超音速飞机的机翼既小又薄，它留给液压系统用来控制前缘撑翼、后缘撑翼、副翼、开缝撑翼的空间很小。重量问题也让飞机设计师头疼，液压系统每增重 1kg，发动机推力就要增大 50N 以上。因此，研制小型、轻量、高压的液压系统势在必行。

压力从 21MPa 提高到 140MPa，其影响要素有体积弹性模量、黏性、内部渗漏量和内部压力损失等。

研究表明，在不用重新研制大量新材料的情况下，工作压力不超过 63MPa 时，功率的产生、动作、功率传输都较容易实现。如果处在 55MPa 时，整个系统会工作良好。于是，用 56MPa 取代 21MPa 的新液压系统问世了。经过多次试验，它已经安装在美国格鲁门公司生产的 F-14 战斗机上。

现代飞机舵面操纵系统与动力收放系统几乎都是液压驱动的。随着飞机特别是军用飞机的发展，对机载液压系统提出了更高的要求。重量轻、体积小、高压化、大功率、变压力、智能化、集成化、余度技术等，是未来飞机液压系统的主要发展趋势。尤其是高压变压力泵源系统，对未来飞机的发展尤为重要。对于战斗机来说，它不仅有利于减轻机体重量，减小外形尺寸，而且也增加了作战半径和载弹数量。

自从飞机液压系统出现 20.7MPa、27.6MPa 压力之后，世界上飞机液压系统最高压力已保持了 40 余年没有改变。图 2.1 所示为世界各国主要机型液压系统的工作压力。但是世界各国特别是美国近年来的大量研究表明：减轻飞机液压系统重量并缩小其体积的最有利的途径，是提高飞机液压系统的工作压力。

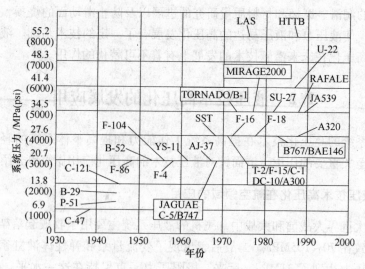

图 2.1　世界各国主要机型液压系统的工作压力

　　液压系统高压化对整个飞机系统的影响如图 2.2 表示。美国空军要求机翼内的液压元部件的安装体积缩小 6%。同时，美国海军的研究表明，钛合金管路飞机液压系统的最优工作压力为 55MPa。

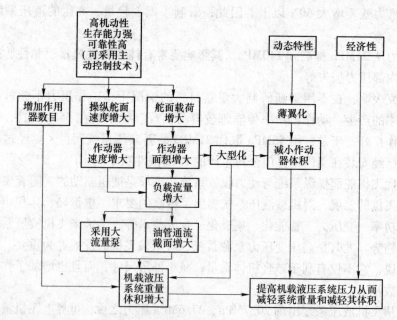

图 2.2　提高飞机液压系统压力的必要性

　　美国海军在 F-14 战斗机上进行了压力分别为 20.7MPa（3000psi） 和

55.2MPa（8000psi）两种飞机液压系统的对比研究，结果表明：相对于压力为20.7MPa（3000psi）的飞机液压系统来说，压力为55.2MPa（8000psi）的飞机液压系统的重量可减轻30%，体积可缩小40%。同时，也进一步证实将F-15、KC-10飞机液压系统压力从20.7MPa（3000psi）提高到55.2MPa（8000psi），系统的重量至少减轻25%~30%。美国海军还与洛克韦尔公司、沃特公司共同进行了超高压飞机液压系统的全面地面与飞行试验研究，利用A-7E飞机的液压系统作为研究对象，试验结果表明，系统重量减轻了30%。

前苏联在苏-27战斗机上进行了压力分别为20.7MPa（3000psi）和27.6MPa（4000psi）两种飞机液压系统的对比研究，与压力为20.7MPa（3000psi）的飞机液压系统相比，采用压力为27.6MPa液压系统的重量减轻4%。目前，美国至少有一架研制中的飞机采用了压力为34.5MPa（5000psi）的钢基材料飞机液压系统，其他国家对提高飞机液压系统的压力也在做大量的研究。我国飞机液压系统的最高压力是20.7MPa（3000psi），北京航空航天大学在"八五"期间已成功地研制了27.6MPa（4000psi）铝基材料的飞机液压能源系统。可以预见，高压化是未来飞机液压系统发展的一种主要趋势。

2.2.2 液压技术高压化在潜艇上的应用

由于液压系统具有工作平稳、控制方便、调速容易、重量轻、尺寸小等特点，所以在潜艇上得到广泛应用。潜艇液压系统作为潜艇至关重要的保障系统，负责向潜艇所有大大小小的液压驱动单元提供液压源，满足其各种工况需求。它主要用于：操纵舵机，改变潜艇的运动方向；操纵各种升降装置；启闭各种艇外的阀门以及发射筒盖等。

扑次茅斯造船厂承制的"断鱼"级潜艇第一个引进了液压控制系统，这个系统基本上是采用600磅/英寸^{2}的压力。在第二次世界大战中，该艇以后的潜艇甚至现在美国的潜艇也曾用该压力。一种意见是对新设计的控制系统应研究成倍提高液压系统压力的可能性，这种系统具有元件较小、装置的重量较轻的优点。扑次茅斯海军造船厂已经获得研制一艘装备新型液压系统的潜艇的特许，而且液压控制系统的结构和压力没有专门限制。船厂研制了一个1200磅/英寸^{2}压力的系统，并提出航空型液压系统有可能应用于潜艇控制系统中。当时评论飞机液压系统时，人们更为注重材料的选择而非压力。其实根据后来的研究发现，高压的液压系统可以使潜艇的重量大为减轻。注意到飞机上一般是用1500磅/英寸^{2}系统的，因而当时就考虑采用1600磅/英寸^{2}航空液压系统技术用于潜艇液压系统，进而得到理想的轻小型潜艇。

2.2.3 液压技术高压化在煤矿设备上的应用

超高压液压紧固技术能够有效地解决煤矿采掘机械部件之间联接的防松问

题，简化采掘机械的日常维护，提高设备的可靠性。

超高压紧固系统由超高压油泵、超高压软管、高强度液压螺母（或拉伸器）、高强度螺栓及螺母等组成（图2.3、图2.4）。超高压油泵产生的压力油通过超高压软管进入液压螺母或拉伸器的油腔，当压力达到一定值（可达220MPa）时，作用在缸体和活塞上的液压力把螺栓拉长，此时缸体与紧圈间（对图2.4则是六角螺母与被压紧壳体间）产生了一定的间隙，转动紧圈使其紧靠缸体或转动六角螺母使其紧靠壳体，当卸去压力时，由于紧圈或六角螺母的限位作用，使螺栓不能回缩，从而对机器施加了足够的预紧力。

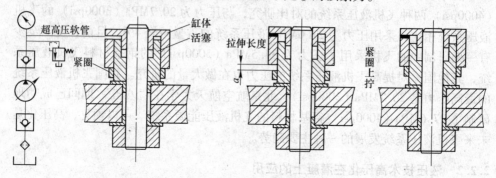

图 2.3　液压螺母工作示意图

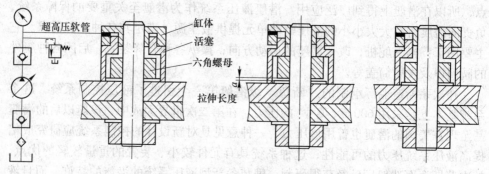

图 2.4　拉伸器工作原理示意图

采用了高压或者超高压液压系统的紧固技术有以下特点：

（1）预紧力高，防松效果好。由于高强度液压螺母的工作压力可达220MPa，以 M30 液压螺母为例，对螺栓施加的预紧力高达 37kN。这是用手动扳手拧紧螺母方法所不能达到的。

（2）有利于采煤机总体结构设计。由于液压螺母的预紧力大大高于普通螺栓联接，采煤机设置高强度螺栓的数量可比普通螺栓适当减少，从而为采煤机结构设计节约了空间。特别是新开发的多电机驱动横向布置框架式结构大功率电牵引采煤机，由于取消了底托架，几个大部件之间采用特长螺杆联接，只有采用高强度液压螺母，才能解决预紧和螺母松动的问题。

（3）简化采煤机、掘进机的日常维护。采用液压螺母后，不需要每个检修班对联接螺栓进行紧固，减轻了工人的劳动强度，节约了大量工时。

2.2.4 液压技术高压化在液压泵-马达上的应用

早在 400 年前，人类就有了使用齿轮泵的记载。相比于其他种类泵，齿轮泵是开发和应用最古老的一种泵，是各类液压传动系统中应用最广泛的液压动力元件。齿轮泵从结构原理上可以分为外啮合齿轮泵和内啮合齿轮泵两个大类。其中外啮合齿轮泵具有结构简单、外形尺寸小、重量轻、工艺性好、制造成本低、维护修理方便、价格便宜、使用时工作可靠、自吸能力强、耐冲击和对油液污染不敏感等优点，因此广泛应用于机床、石化、轻工、冶金、矿山、建筑、汽车、船舶、飞机、农林等各类机械的液压控制系统中。

对于外啮合齿轮泵，目前其工作压力已经有了非常大的提高，额定压力可达到 20MPa，最高工作压力也可达到 25MPa；在采用双模数非对称渐开线齿形齿轮的情况下，大大减小了压力和流量脉动，齿轮架噪声可以降低至 75~78dB；将外啮合齿轮泵做成双级泵、多级泵、双联泵或多联泵，可以提高额定工作压力，满足液压系统使用一个动力源获得多个油源的需要；在齿轮泵上集成换向阀、安全阀和单路稳定分流阀等，可以简化液压系统管路，使系统更加紧凑可靠。通过以上改进，很好地弥补了齿轮泵工作压力低、流量不稳定、噪声大和不能变量等缺点，也使其应用领域不断扩大。国内许多过去使用其他液压泵的设备已改用齿轮泵，比如装载机、起重机和自卸车等。

近年来，机床需要高压的液压泵-马达，即使是对液压装置需求量最多的建筑机械，对高压液压泵-马达的需求也在增长。例如，液压铲车一般采用 34MPa 压力，使转轮滚动的液压传动装置（HST）采用 39MPa 的压力。

关于轴向柱塞泵-马达的高压化问题，下面简介几个类型：

（1）斜轴式轴向柱塞泵。目前连续额定压力可达 34MPa，最高压力可达 39MPa；而今后则要求达到连续额定压力 39MPa，最高压力 44MPa。如图 2.5 所示。

（2）斜盘式轴向柱塞泵盘式轴向柱塞泵实现高压化的重点也是回转部分，其连续额定压力达到了 20.6MPa、27.4MPa、34MPa 的高压。斜盘式轴向柱塞泵如图 2.6 所示。

从要求经济性和小型化方面看，今后仍会提出高压化的要求。高压化不仅要求泵（马达）在高压下有长的使用寿命，同时还要求体积小，价格便宜。

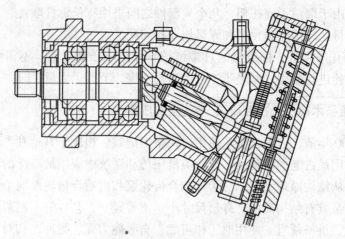

图 2.5   斜轴式轴向柱塞泵结构

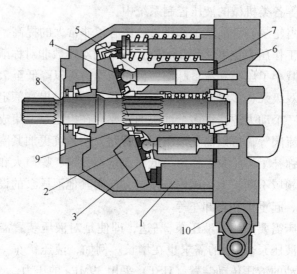

图 2.6   斜盘式轴向柱塞泵结构

1—变量活塞；2—斜盘；3—压盘；4—滑靴；5—柱塞；6—缸体；
7—配油盘；8—传动轴；9—球面套；10—变量控制阀

2.3   液压系统高压化存在的问题

液压系统的高压化也会带来一系列的问题，特别是基于我国目前综合基础技术相对落后的情况下，面临的问题会更多，如缺乏优质的材料和良好的加工工艺方法等。液压系统工作压力提高后，同样面临着如何提高密封技术和耐疲劳能力。这些不仅是系统需要面临的问题，也是其中的附件会面临的问题。同时，我国的液压元件研发技术基础薄弱，再加上机械制造和加工工艺技术有待提高，导致国产液压元件故障多、使用寿命较短。一般的液压阀在可靠性方面的问题还没有得到根本解决，更无法满足高压化液压系统的技术要求了。目前，我国高压液压系统设计技术已接近或达到国际先进水平，但超高压液压元件的制造技术水平远远落后，跟不上主机设备的发展步伐，不能满足大型主机设备发展的需求。为了不影响主机设备的整体技术性能指标，我国超高压系统的大流量液压元件主要依靠进口来解决。

液压系统高压化存在如下问题。

2.3.1 缩短液压元器件寿命

针对图 2.6 的斜盘式轴向柱塞泵，若此泵所用轴承以 B10Life 为基本寿命，在下列条件下，寿命曲线如图 2.7 所示。

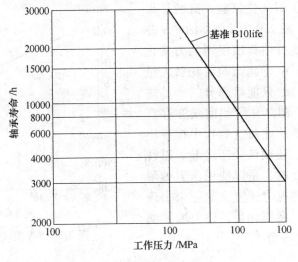

图 2.7 轴承寿命曲线图

由于转速与寿命成反比，当使用转速与基准转速不同时，只要用它们之间的比来乘或除就可以了。

另外，斜盘式泵在其工作压力范围内，轴承所受的负荷与斜盘的角度有关。排油容积小时，斜盘的角度减小，轴承的工作负荷减少，寿命延长。其关系如图 2.8 所示。比如排油容积减少一半，寿命约可延长达 10 倍。如能很好地利用这个特性，就可能使泵的寿命得到一定程度的延长。

寿命这个概念并非专指泵，亦可指阀。阀体多为铸造而成，可以将其视作一种压力容器，其使用压力与使用寿命周期之间的关系可由实验测得。以保压阀为例，对此阀施加 56、60、67MPa 的脉动压力，并检查其经受多少次脉动压力后

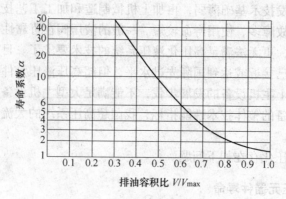

图 2.8   排油容积比与寿命系数

阀体开始损坏。考虑到压力偏差，各种
压力都进行 2 次耐久性试验，试验结果
如图 2.9 所示。图 2.9 为此阀体的 S-N 曲
线，通过此曲线可估算出使用压力变化
后的耐久寿命。由于此试验需花费大量
的时间和人力，故只能对部分的产品进
行试验。另外，图 2.9 所示曲线亦存在
着压力偏差，要从此曲线数据中推导出
产品寿命余度，还须依赖于经验。以往
在测试阀体强度时，是以使用压力做耐
久性试验，达到规定试验次数还未出现
问题视为合格。高压化后，还需增加测
试该阀体损坏的压力。

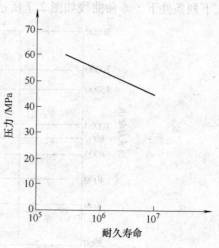

图 2.9 S-N 曲线试验值

2.3.2   产品性能降低

高压化使产品性能降低，表现在泄漏量增大和液压锁紧力增大两方面。

（1）泄漏量的增大。高压情况下，不增加泄漏量的最有效手段是减小间隙。
但是减小间隙，就要增加阀瓣与阀座接触的紧密性，这并非易事。不但加工精度
要比以前有较大的提高，且与阀芯半径有关的间隙不能超过 $3 \sim 5 \mu m$。否则，就
只能使用座阀或逻辑阀。

（2）液压锁紧力的增大。一般压力的液压部件的加工精度指数值为 $0.05 \sim$
0.10。高压时，为了不增大液压锁紧力，以减小此加工精度指数值为好。但加工
精度与成本成比例，所以不能单纯考虑提高加工精度，关键是要在座阀或逻辑阀
所构成的液压回路的成本比较中做出选择。

2.3.3 噪声增大

噪声是当前液压制造商、液压专业技术人员所面临的最大问题之一。噪声包括泵自身发出的噪声、由泵脉动而引起的配管共振噪声、液压油流动噪声、切换时引起的冲击噪声等。其中任何一种噪声都随压力升高而增大。

最普通的通径为 6mm 的电磁阀，减小其切换时的冲击就能降低其噪声，而减小此冲击噪声的关键是减小切换加速度。为此，可通过节流孔限制电磁阀内可动铁芯的移动来减小加速度。如图 2.10 所示为有阻尼机能的与无阻尼机能的加速度有约 5 倍之差，显而易见，其冲击噪声也大大降低了。

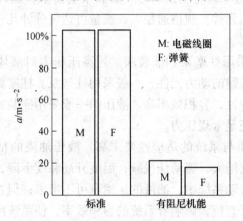

图 2.10 有阻尼机能的电磁阀的加速度减少效果

2.3.4 液压油的恶化

液压油在高压条件下使用时，液压油的分子被剪断，加剧了油的恶化。为防恶化，使用加有耐磨耗性添加剂的液压油是行之有效的方法。此时，应该注意油温，即油的粘度，就是在前面讨论泵寿命时，以黏度超过某一值为条件。在高压下连续运行时，即使能控制好油箱内的油温，往往也很难控制好泵内轴承部分的油温。这种情况下，应该用与油箱内同温度的液压油对泵的轴承进行冷却。这样才能确保泵的寿命，防止液压油的恶化。

2.4 液压系统的超高压化

工程应用中的液压系统采用的压力通常在 35MPa 以内。大多数工程机械设备的液压系统工作压力在 20MPa 左右，在此压力范围内工作的系统，国内外液压元件都有很成熟的产品及相关附件，使用、维护方便。但在某些工程领域，如液压工具、压力容器、粉末冶金、超高压切割、压力试验装置等设备采用的压力，通常在 100MPa 左右，甚至更高。当液压系统的工作压力超过 32MPa 时，通常称为超高液压压力。在现代科学技术领域和工业生产中，超高压液压技术的应用已越来越广泛。

2.4.1　液压系统超高压液压技术的特点

液压系统超高压液压技术的特点为：

（1）压力高，流量大。以前，由于工作压力高，超高压液压泵、阀的规格都较小，流量较小，泵的流量一般仅为每分钟十几升，阀的通径一般不超过DN6mm。但近年来随着超高压技术的发展和市场需求，国外已成功研制出了各种规格的超高压液压元件，规格通径大，流量可达每分钟几千升。超高压技术已向大流量方向发展了。

（2）元件主要采用柱塞泵和插装阀。超高压压力对液体介质实施强大的作用力，超高压泵是关键的动力元件，一般采用柱塞泵。柱塞副对超高压力下的密封也具备良好的适应性，容积效率高。液压阀一般采用插装式阀。插装主阀为超高压，而先导级阀还是常规压力。

（3）对工作介质与系统的适应性要求高。液压油液的粘度随压力和温度而变，压力增大，黏度增大，流动性锐减；温度升高黏度下降，容易引起系统油液泄漏。在一般液压传动系统中，油液的压缩量可不考虑；但在超高压系统中，油液的体积压缩量不可忽视，影响着系统的容积效率，使系统刚度降低，直接影响到系统的工作性能。目前，超高压液压系统工作介质的选用还没有制定统一标准，但设计系统时，必须综合考虑工作介质的性能变化对设备性能的影响。超高压环境下超高压稠度决定了液体介质是否稠化，而其体积弹性模量决定了超高压环境中液体介质的弹性和压缩性，其关系呈反比。如体系弹性模量小，则弹性和压缩性反而高。在 400MPa 左右时，很多矿物质油是稠脂状态，可以选择使用煤油和变压器油以三比二比例混合使用。压力达到 1000MPa 也能正常运作。超高压环境中，液体介质可以选择甘油，可在 1500MPa 左右正常工作。

（4）密封材料的性能参数指标要求高。在超高压力下，要求所有的密封环节和元件具有高强度，否则极易击穿。由于液压介质在升压过程中会释放能量，致使密封环节和密封部位瞬时升温，所以超高压力下的密封必须具有良好的耐热性。

（5）超高压液压技术中使用柱塞副结构。在超高压环境中，液体介质要承受巨大的作用力，因此，升压元件基本都使用柱塞副结构。这种结构即使是在超高压力的环境中，也能很好地适应。

超高压液压技术如今已经在工程机械行业中广泛应用，其优势显而易见。但是，超高压液压技术属于新技术，还处于发展阶段，必定会存在一些不足，应不断地探索并提高。

2.4.2 超高压液压密封方法

2.4.2.1 超高压液压密封原理

超高压密封原理与中高压液压元件或液压系统的密封原理并无本质区别，它同样是利用密封件堵塞流体流动的通道，阻止泄漏、保证密封。对于非接触的间隙密封，同样利用液流过长的间隙通道，增加阻力，产生压力损失；到间隙出口端压差近于零，接近于无泄漏而形成密封。它与一般压力情况所不同的是，属于堵塞的密封件，材质必须能承受超高压力的挤压或冲击；属于间隙的密封，其间隙值远比一般压力间隙的密封值小。

2.4.2.2 超高压密封件的材料

尽管超高压的密封原理与一般压力密封原理基本上相同，但是密封件却不一样，需要其组织更致密，防止渗漏和挤压损坏，即要求更结实。一般当液流体介质压力超过 100MPa 后，密封件就很难再使用合成橡胶、皮革、氟塑料，而用铝、紫铜和铍青铜，以及这些有色金属合金。这些金属及合金产生弹塑性变形，有利于填充密封面凹凸不平表面的凹陷微谷。此外，还有不锈钢及一些可淬硬的钢材等可用。空心的金属 O 形密封圈可承受 350MPa 甚至 700MPa 的高压。淬硬的 45 或 35CrMoAl 等球面钢垫，在螺纹力强制作用下，可密封 1000MPa 左右的压力。

2.4.2.3 超高压液压元件的密封

图 2.11 所示为超高压液压泵的往复式动密封装置，主要依靠间隙密封与填料密封。间隙密封多采用弹性圆筒衬套结构，液体介质的黏性流动会产生压力损失。这种结构密封压力可达 600~700MPa。

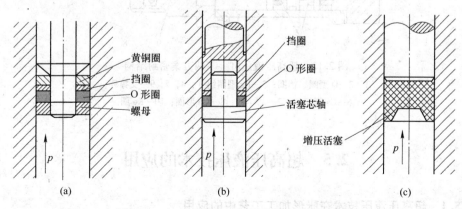

图 2.11 超高压液压泵中的往复式动密封装置

　　超高压柱塞泵和滑阀的密封，主要是合理确定柱塞副、滑阀副的间隙。若间隙太小，则柱塞、滑阀会卡死；间隙过大，在超高压情况下，泄漏量大大增加。如以 80MPa 径向柱塞泵为例，它的柱塞直径为 ϕ8mm，若单边间隙值为 0.003 ~ 0.006mm，泵的容积效率可达 90%；若单边间隙为 0.008 ~ 0.015mm，泵的容积效率不高于 80%。

　　对于直径较大的柱塞和增压活塞，可采用组合式密封装置，如图 2.11a 所示，它由 O 形圈、挡圈、黄铜圈组合装在带锥度的柱塞上用螺母拧紧固牢，黄铜圈与柱塞孔初始间隙为 0.025 ~ 0.076mm。当柱塞端开始受到液压力之后，O 形圈受到挤压开始起密封作用。当压力增加到某一值后，黄铜圈被压向锥形轴肩，黄铜圈受到锥轴的轴向和径向作用，同时黄铜圈与柱塞孔径向间隙缩小，起到一定密封作用，其工作压力可达 120MPa。图 2.11b、图 2.11c 所示为增压缸和手动柱塞泵常用的密封装置。这种密封装置一般有低压油辅助退回，因此活塞芯轴和增压活塞都是浮动的。此密封装置的工作压力可达 100MPa 或略高。

　　图 2.12 为额定压力 p = 85MPa 的液压缸的上下两种密封结构，工作速度 v = 360m/min，温度 t = -25 ~ 140℃，介质为液压油，工作环境一般。在车氏密封件问世之前，国产密封件一般最高耐压不超过 65MPa。若设计、制造额定工作压力超过 65MPa，不进口国外密封件，是很困难的。图中液压缸是采用美国优瑞纳斯（URANUS）的 Gs、Kg、Ko、Go 支承环及 O 形圈、挡环组成动静密封。

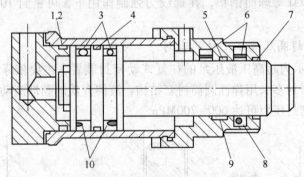

图 2.12　超高压液压缸上下两方案密封结构

1，2—O 型圈、挡圈；3—Kg 型圈组件；4，5，9—支撑环；

6—Gs 圈组件；7—防尘圈；8—Go 形圈；10—Ko 圈

2.5　超高压液压技术的应用

2.5.1　超高压液压技术在胀形加工工艺中的应用

　　超高压集成装置由胀形模具、增压器、充液器、导向筒组成，如图 2.13 所示。胀形模具采用滑动式，水平分模，由胀形上模 7、胀形下模 4 组成。增压器 8 与胀形上模 7 集成在一起，采用单向式，低压端压力 32MPa，高压端采用组合动密封及组合静密封。增压器下端盖即为胀形上模压头，它与胀形管坯之间通过过盈配合密封。充液器 10 与滑动胀形下模 4 集成在一起，采用直通锥阀密封式结构。充液器上端盖即为胀形下模压头，它与胀形管坯之间通过过盈配合密封。导向筒 5 保证胀形上模与下模的导向，并提供左右合模力。

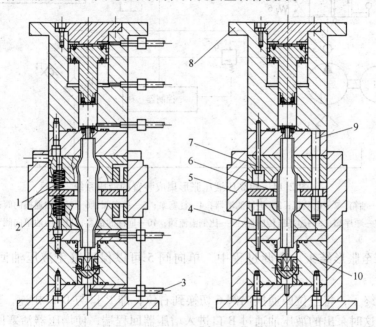

图 2.13 超高压液压胀形集成装置

1—弹簧；2—控制模；3—管接头；4—胀形下模；5—导向筒；
6—管坯；7—胀形上模；8—增压器；9—导向柱；10—充液器

超高压液压胀形集成装置的液压系统由油箱、电机、滤清器、柱塞泵、回油单向阀、三位四通换向阀、比例溢流阀及超高压传感器、控制器等组成，其工作原理如图 2.14 所示。三位四通换向阀 6 左位工作，中位保压，右位回油；比例溢流阀 9 通过计算机程序可以调定溢流压力从而控制胀形压力；超高压传感器 8 读取增压器高压端压力，作为控制系统反馈信号。

系统开始工作时，先将三位四通换向阀 6 切换到左位，即 P 口与 A 口相连，T 口与 B 口相连。这时通过单向阀 5 的液压油从 A 口分为两路，一路流向集成装置的充液器，一路流向顺序阀 7。顺序阀 7 调定压力在 20MPa，高于充液器的开启压力，所以液压油经过充液器阀芯迅速在胀形管坯内充满液压油，管坯内油压迅速上升。当油压高于顺序阀 7 的调定压力时，顺序阀被打开，充液器的阀芯关闭，液压油进入增压器原动缸，胀形开始，增压器活塞下行，产生需要的变

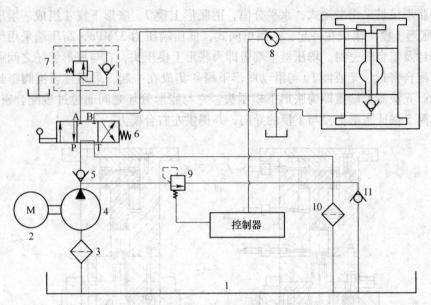

图 2.14 超高压液压胀形集成装置的液压系统

1—油箱；2—电动机；3—进油滤清器；4—柱塞泵；5—单向阀；6—三位四通换向阀；
7—顺序阀；8—超高压传感器；9—比例溢流阀；10—回油滤清器；11—回油单向阀

高压，直至胀形结束。在此过程中，单向阀 5 可以保证避免液压油回流而损坏泵。

胀形终了，将三位四通换向阀 6 切换到右位，即 P 口与 B 口相连，T 口与 A 口相连。这时泵出的液压油通过 B 口进入增压器回程端，使增压器活塞回程。增压器原动缸的油液则通过顺序阀中的单向阀，经连通的 A 口、T 口，由回油滤清器流回油箱。残存的液压油则在卸荷后由模具下方的回油口直接返回油箱。

2.5.2 超高压电磁换向阀的应用

为尽量减少泄漏并使换向灵活，目前大多采用球阀结构。例如，德州液压机具厂在 1980 年代初自行设计的一种 34 1DQF-SLL 型电磁换向阀，是巧妙地利用液动力的一种球阀结构。德国 FAG 公司的 W 系列电磁、手动换向阀，也采用了球阀结构，见图 2.15。电磁铁 1 的推力通过杠杆 2 放大以后，推动推杆 3 和钢球 4，使钢球封闭阀座 5 上的阀口。改变推杆钢球和阀座的位置和形式，可得到四种最基本的二位二通和二位三通的换向机能。

德国 Rexroth 公司的 SE 系列超高压电磁换向阀，也采用了类似的球阀结构形式。图 2.16a 为常开型的二位三通电磁换向阀，图 2.16b 的上半部为常闭型二位三通电磁换向阀。当图 2.16b 的下半部加上附加阀块时，就构成了二位四通电磁换向阀，其工作原理见图 2.16c。

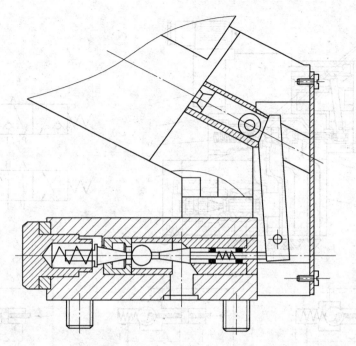

图 2.15　德国 FAG 公司 W 系列换向阀结构原理图

目前，随着系统对轻、小型的要求不断提高，液压系统的高压化对于减轻液压系统的重量起着举足轻重的作用。过去的 40 年中，液压技术在高压化上取得的巨大成果，使得液压技术在与其他传动和控制技术的激烈竞争中显示出强大的威力。为进一步提高压力和转速，虽然，缩小重量功率比的难度越来越大，付出的代价也越来越高，但在这方面的努力是不会停止的。

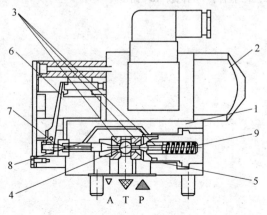

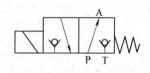

(a)

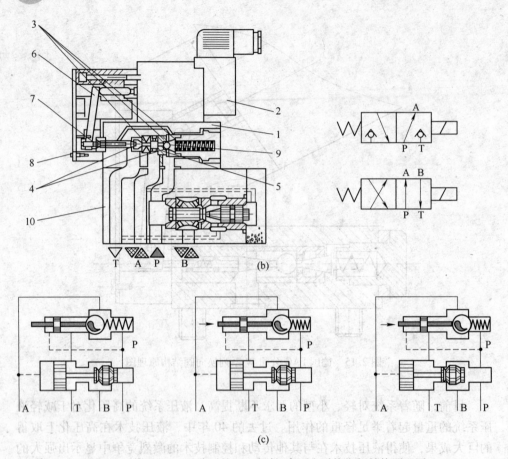

图 2.16　德国 Rexroth 公司的 SE 系列超高压电磁换向阀结构原理图
1—阀体；2—电磁铁；3—阀座顶杆；4—钢球；5—导套；
6—杠杆；7—球支撑；8—推杆；9—弹簧；10—附加阀

液压系统的轻量化

3.1 液压系统轻量化概述

3.1.1 轻量化的基本概念

液压系统的轻量化，就是在保证液压设备工作性能和安全性能的前提下，尽可能降低液压设备的空间和质量，从而提高整套设备的空间利用率并降低总体重量。

3.1.2 轻量化的发展历程以及研究意义

液压传动因其拥有传动非常平稳、控制灵活、质量轻、系统体积较小等突出的优点，广泛应用于生产、生活的各个方面，也几乎覆盖了建筑、机械、矿山、航空、国防等各个行业。目前阶段，在诸如重型机械、行走机械等需要较大驱动功率的场合，液压传动与控制技术都明显处于垄断地位。

2014年国际工程机械先进制造技术高层论坛指出："工程机械产品的设计与制造要考虑适应环境生态发展的要求，开发研制节能、高效、环保型产品已成为工程机械行业的发展趋势。"近年来，在制造业中，设计与制造者追求的主要目标之一是用更小的能耗产出更高的效益，达到效益最大化。因此，轻量化技术越来越受到各国制造业的重视和发展。在我国，越来越多的研究人员和企业研发人员开始注重于开发能够节能环保的绿色机械，而液压传动作为机械应用中不可或缺的重要组成部分，其轻量化的研究更是大有裨益。

液压元件的轻量化能够节省材料消耗，降低生产成本，降低整个动力单元的生产、运输等环节的能耗。液压元件的集成、体积的减小和质量的降低，能够改善传动系统以及承载装置的负荷，从而达到节约用材、减少排放的目的。液压元件的轻量化，对于节能、环保具有重要的意义。

3.2 实现液压系统轻量化的途径

液压系统的轻量化可以通过油箱、阀块、液压缸、液压源、液压油路和蓄能器等的轻量化实现。

3.2.1 油箱轻量化

液压油箱（图3.1）在液压传动系统中虽然属于辅助装置，但是在系统中起到了至关重要的作用，其功能的优劣直接关系到整个系统工作性能的好坏。目前，随着机、电、液一体化及机械设备小型化的发展和液压传动技术的日趋完善，传统结构形式的油箱已不能适应现代优化设计的要求。一些发达国家把新型油箱的研究提高到了节能减排、环境保护的高度。

图 3.1　液压油箱

液压系统小型化是液压技术领域尤其是设备生产厂家近年来追寻的目标，也标志着液压传动技术在不断地走向进步。液压系统小型化离不开液压油箱的小型化。要实现油箱小型化，可以从以下两个方面入手。

3.2.1.1 采用高压小流量

采用高压小流量，是推进液压系统小型化的根本措施之一。在提高系统工作压力的同时减小流量，可以保证系统功率不变，工作装置受油压作用面积也相对减小了，工作装置的运动速度不会因系统流量减小而变慢。所以，这样的系统实际参与工作周转的油量减少了，再加上在系统设计、制造、使用、维护、管理等环节中，切实强化系统防温升措施，油箱容积无疑是可以变小的。在这方面，技术发达国家做出了不懈努力，并取得了很好的成效。表3.1为日本日立建机20t级液压挖掘机油箱油量变化情况（从1970年的UM06型到2000年的ZX200型）。30年间，日立20t级液压挖掘机的单位油量平均功率增加了2.5倍；如果用单位液压油平均功率和油的更换时间的乘积来衡量液压油寿命的话，30年间液压油的使用寿命增加了6倍之多。

表 3.1　日立挖掘机压力与油量对照表

型号	液压油用量/L	功率/kW	压力/bar	换油周期/h
UH06	260	62.475	175	1500
UH07	280	68.355	175	1500
UH07-3	280	77.175	250	1500
UH07-7	280	84.525	265	1500
EX200	220	91.875	285	2000
EX200-2	200	99.225	350	2500
EX200-5	200	99.225	350	4000
ZX200	200	110.25	350	4000

3.2.1.2 努力控制温升

如果能从设计制造、使用管理等方面有效地控制系统温升，减小油箱的散热面积，油箱的容积无疑是可以变小的。如何控制系统温升，关键是从产生热量的源头上采取措施：

（1）降低系统的能量损失。采用新材料、新工艺，力争降低系统内泄漏量，提高系统的容积效率；通过优化设计，使液压油液流通过各元件所造成的压力损失降至最低；注意工作装置运动时的极限位置，尽量不使系统中的安全阀、过载阀等压力控制元件在过负荷状态下开启；注意检查并及时更换过滤装置的滤芯；以免增大过油阻力。

（2）加强液压油的使用与管理。要做到正确选用液压油，按规范更换液压油，严防污染物进入液压油。

（3）防止空气进入系统。要注意油箱油面的检查，防止空气从泵的进油路进入系统；停用时间较长的系统开始工作时，要进行管路排气（即适当进行无负荷运转）。

（4）要确保系统的冷却效果。固定设备尤其是油箱部位，要注意通风，提高并注意检查系统冷却装置的效果，保持系统所有元件（含油箱，油箱的材质对于散热并不那么重要，关键在于油箱表面与空气之间的热传导率）表面的清洁度。

3.2.2 阀块轻量化

阀块轻量化的措施主要表现在以下几个方面。

3.2.2.1 螺纹插装阀

螺纹插装阀（图3.2）具有加工、拆装方便、结构紧凑、互换性强和便于大批量生产等一系列的优点，现在已经被广泛应用在农机、废物处理设备、起重机、拆卸设备、钻井设备、铲车和公路建设设备中。

进入21世纪，行走机械在整个液压行业中所占的比重越来越大。根据2009年的统计报告（德国Linde公司），在欧洲，行走机械已占到液压总产值的三分之二；在全世界，更占到四分之三。螺纹插装阀的应用也随之大大增加。

3.2.2.2 铝合金阀块

在某些特定液压系统中（例如军事，航空），整个系统往往有着很严苛的重量要求，在结构无法优化的情况下，可以考虑使用铝合金材质的阀块。铝合金重量轻，是同等体积钢的1/3重量，而且具有加工方便、易切削、不生锈和防腐性好等特点。图3.3所示为铝合金阀块。

3.2.2.3 集成阀块轻型化

液压系统中有很多液压元件，这些元件将通过不同的方式连接起来。连接方

图 3.2　螺纹插装阀

图 3.3　铝合金阀块

式将对液压系统的性能、维修和使用产生很大的影响。目前对于板式液压元件广泛采用的是集成块式和叠加式的连接形式。这些连接形式结构紧凑、占地面积小，易于实现标准化、系列化和维修方便。但这些连接均是通过实体材料设计加工实现的，集成块具有较大的重量是不容忽视的问题，而且复杂系统的高集成化又势必需要很多工艺流道来实现，这又会产生压力损失、冲击及噪声等多方面的问题。这些问题对于某些特殊场合如船用环境的设备，有着很大的影响。

针对上述问题，通过研究、设计及试验，找到了一条有效的解决途径。液压集成阀块轻型化设计不仅结构紧凑、体积小、标准化程度高、维修拆装方便，而且重量轻、流阻小、冲击小、噪声低。

液压集成阀块轻型化与传统液压集成阀块的主要区别，体现在降低阀块的单位体积重量上。传统液压集成阀块是在整体金属材料上，进行钻孔加工建立流体的流道；而轻型化集成阀块是在中空的金属框架内通过钢管的焊接构建各阀件的流道，然后在框架内壁浇铸轻质材料以固定各液压管路，并增强阀块整体刚度。

这里以某液压回路为对象作具体说明。这是一个由 20 个通径为 20mm 的板式液压阀构成的 3 个并联支路的液压系统，一个主进油口，一个主回油口，3 个执行机构的 5 个进出油口。阀组原理图见图 3.4。

此阀组结构要求：只能在阀块的主投影面及 2 个侧投影面上安装板式液压阀，进出油口设在阀块的上下投影面，背面为壁挂式安装面。

为了操作方便，将每个支路具有手操功能的电液换向阀及液压锁布置在正投影面上，从上至下排列。连接压力管路的截止阀、节流阀布置在右侧面，连接回油管路的截止阀、节流阀布置在左侧面，精心设计排列。液压阀件在 3 个安装平面上的面积利用率达到 85%，块体结构紧凑，布局合理，使用方便。根据阀块的布置图设计其各板面的零件图，由 5 个板面构建成阀块的金属框架，板面的材料首选热轧钢板。按液压原理图设计管路布置图，用冷轧无缝钢管连接各阀板的油口，设计管件零件图。集成阀块的外形见图 3.5。

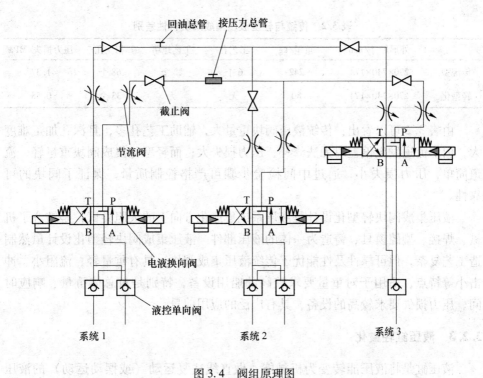

回油总管　接压力总管

截止阀

节流阀

电液换向阀

液控单向阀

系统1　　　　　系统2　　　　　系统3

图 3.4　阀组原理图

图 3.5　集成阀块外形图

以上述液压系统为例，比较传统型液压集成阀块与轻型化集成阀块的主要性能指标的差别，见表 3.2。

表 3.2　传统与轻型液压集成阀块特性差别

	外形尺寸/mm	重量/kg	工艺孔	工艺螺堵	相交孔	压力损失/MPa
传统型	270×740×174	242	6个	22个	68个	1.37
轻型化	270×740×174	80	无	无	33个	0.58

由表 3.2 可以看出：传统液压阀块重量大，辅助工艺孔多，且深孔加工难度大，内部流道发生偏差时无法修补，压力损失大；而轻型化集成阀块重量轻，流道简单，压力损失小，通过中间检验步骤可严格控制质量，保证了阀块的可靠性。

液压集成阀块轻型化设计是液压系统集成化方向上的大胆尝试，是结合了机械、焊接、型腔模具、铸造为一体的液压部件。液压集成阀块轻型化设计虽然制造工艺复杂，但可靠性及性能优于传统液压集成阀块，具有重量轻、流阻小、冲击小等特点，适用于对重量要求较高的船用设备，特别是对总体重量、响应时间、压力损失要求较高的设备，具有广泛的应用前景。

3.2.3　液压缸轻量化

液压缸是将液压能转变为机械能、做直线往复运动（或摆动运动）的液压执行元件。在液压系统中，液压缸的重量往往占有很大比例。要想实现整个液压系统的轻量化，必须要实现液压缸的轻量化。国内徐工集团在液压缸轻量化方面做了大量工作，以下是两个具体实例：

（1）新一代泵车液压油缸（图 3.6）。该油缸是在继承以往经验的基础上，不断加大油缸轻量化应用的结构优化和分析，根据混凝土泵车的特点专门设计制造的节能产品。产品通过采用高强度的新型材料代替传统的油缸材料，具有良好

图 3.6　徐工轻量化泵车液压缸

的力学和工艺性能，整缸重量较常规产品减重 20% 以上；同时，新型密封专利和抗泄漏技术的应用，也使密封件的耐冲击性能和产品可靠性得到大幅提升，为主机带来更好的操控性以及更低的功耗表现。

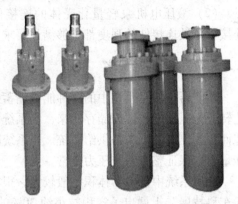

（2）450t 级全路面汽车起重机轻量化液压缸（图 3.7）。该液压缸采用新材料、新结构、新工艺，通过薄壁缸筒阀座免焊接技术、减重耳环十字型加强筋结构等一系列先进技术的应用，不仅减轻了整缸质量，同时也大大提高了产品的稳定性和安全性，为主机带来更好的操控性以及更低的功耗表现。

图 3.7　450t 级全路面汽车起重机轻量化液压缸

3.2.4 液压源轻量化

液压电机泵（图 3.8）是将电动机与液压泵集成在一个壳体中，具有低噪声、无外泄漏、结构紧凑等优点，比普通动力单元的体积减小了 50%，轴向尺寸减小了 61%。这种新型的液压动力单元是液压元件和系统向轻量化、小型化发展的必然趋势。

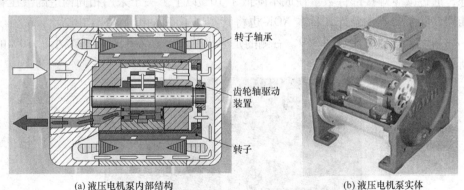

(a) 液压电机泵内部结构　　　　　　　　　　(b) 液压电机泵实体

图 3.8　液压电机泵内部结构

液压电机泵壳体应优先采用 6061 型铝合金。该型号铝合金可满足强度要求，密度较其他型号铝合金更小，且市场价格最低。针对液压电机泵样机的轻量化问题，通过采用轻质材料及合理减小结构尺寸的方法，对液压电机泵进行了基于壳体的轻量化设计，并利用 ANSYS 软件对轻量化壳体进行了强度、刚度计算，获得如下主要结论：

（1）经过轻量化设计的壳体满足强度要求，壳体重量由 62.81kg 减少至 18.79kg，降幅 70.1%，可见基于壳体的轻量化设计具有明显的效果。

（2）液压电机泵轻量化壳体的连接件仍然采用通用型钢制螺钉与接头体，连接件与被连接件的强度都能够满足要求。

3.2.5 蓄能器的轻量化

蓄能器是液压系统中的一种能量储蓄装置，它在适当的时机将系统中的液压能转变为压缩能或位能储存起来，当系统需要时，又将压缩能或位能转变为液压能而释放出来，重新补供给系统。当系统瞬间压力增大时，它可以吸收这部分的能量，以保证整个系统压力正常。

液压系统中蓄能器体积一般较大，很容易造成空间拥挤。日本发条曾在"人与车科技展"上展出了容积减小约 30% 的液压蓄能器，计划用于 HEV（混合动力车）中。日本发条认为，今后 EV 和 HEV 有望普及，因此当发动机的负压无法使用时，液压蓄能器将越来越多地用于确保足够的制动力。

日本发条的液压蓄能器采用上部是气体（N_2）、下侧是油的双层构造。气体和油通过名为金属伸缩管的薄金属膜隔开。金属材料为 SUS304（不锈钢），板厚 0.15mm。金属膜采用按照 S 形弯曲的构造，可以根据内部存储的油量上下伸缩。按照 S 形弯曲的方式是该公司的自主技术。

新型液压蓄能器的基本构造与原来相同，不过此次将容积减小了 30%。另外，通过减少焊接部件数量使成本降低了 10% 以上。关于采用相同构造的液压蓄能器，除了日本发条外，日本 NOK 也将其实现了商品化。

新旧蓄能器对比见图 3.9，右侧的是原来的型号，左侧是容积减小了 30% 的新开发的型号。

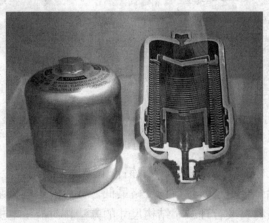

图 3.9 新旧蓄能器对比图

3.3 液压系统优化仿真软件

随着科技的发展，计算机辅助设计软件已经广泛应用到工业生产中，在计算机软件的辅助下，使复杂工程和产品结构强度、刚度、屈服稳定性、动态响应、热传导、三维多体接触、弹塑性等力学性能的分析计算以及结构性能的优化设计成为可能。同样在辅助设计软件的帮助下，提高了液压系统设计的便捷性，加强了液压系统运行的可靠性，促进了液压元件摆放的紧凑性，以及故障诊断的准确性。

3.3.1 流体动力学软件

在液压系统中，各个元件都具有独特的流道结构，特别是在当前集成化的大环境下，各种多功能的集成块内部流道结构更趋复杂。液压油在经过液压系统各类孔和流道时会产生压力损失和能耗，并使系统发热，产生噪声，如果一味地减小集成块的整体尺寸，而忽略了集成块中各孔道间的最小距离，就会有孔道被高压油击穿的危险。因此，要想在保证流体流动性能的条件下又要减少集成块的质量与体积，就需要在流场分析软件的帮助下，对集成块进行合理的优化设计。

目前使用较多的流场分析软件是 ADINA、ANSYS 和 FLUENT。这里以 FLUENT 为例对流场仿真软件作简要说明。FLUENT 软件能推导出多种优化的物理模型，针对每一种物理问题的流动特点，有适合它的数值解法，液压系统设计者可对显式或隐式差分格式进行选择，以在计算速度、稳定性和精度等方面达到最佳，从而高效率地解决复杂流场的优化问题，达到优化流场，消除冗杂连接的目的。

3.3.2 液压系统动态性能仿真软件

液压系统动态性能仿真软件分析是液压仿真领域中最主要和研究最早的技术，其中液压系统的仿真软件有荷兰的 20-Sim，英国的 Bathfp，德国的 DSHplus，美国的 Automation Studio，以及综合系统仿真软件具有代表性的法国的 AMESim 等。目前，液压动态仿真技术已经成为液压系统和液压元件设计与性能分析的必要方法。这里以 AMESim 液压仿真软件为例，对液压系统动态仿真作简要说明。

AMESim 仿真软件使用图形化的操作界面，基于液压原理图进行建模，不需要工程人员掌握过多的仿真专业知识。其仿真步骤为：首先，在方案模式下，根据液压系统原理图，在仿真环境下建立液压系统模型；然后，在子模型模式下为每个液压元件选定最合适的子模型，在参数模型下设定每个液压元件的参数、仿真时间和仿真步长；最后，在运行模式下对仿真模型进行仿真，得到需要的数据，并对数据进行分析。

AMESim 还有一个独一无二的功能，就是可以在设计过程的各个阶段把系统集成，高效地评估它们之间的相互作用。特别是在航空航天领域，采用了 AMESim 的解决方案后，能够在研发的早期对元部件设计进行仿真和验证，为航空航天系统的高度集成做好必要的理论准备。

3.3.3　三维实体建模软件

近年来，三维软件的蓬勃兴起使人们真正地实现了三维立体化设计，产品的任何细节在计算机面前都能详尽地展现在设计师的面前，并能在任意角度和位置进行调整，在形态、色彩、机理、比例、尺度等方面都可以做适时的调整。在生产前的设计绘图中，计算机可以针对你所建立的三维模型进行优化结构设计，大大地节省了设计的时间和精力，而且更具准确性。

目前为止，比较流行的三维设计软件有：PRO/E、UG、Solidworks、CATIA 和 AutoCAD 等。现以 Solidworks 三维设计软件为例。它是基于 Windows 平台的全参数化特征造型软件，能十分方便地实现复杂的三维零件实体造型、复杂装配和生成工程图，该软件可以应用于以规则几何形体为主的机械产品设计以及生产准备中。将这一特点应用到液压系统的设计之中，可以合理布置液压元件的摆放位置，从而降低液压系统所占的空间；还可以对集成块的内部孔道进行设计和优化，进而缩小集成块的体积，并合理控制元件间的尺寸。

3.4　液压系统轻量化的应用举例

3.4.1　内嵌式液压电机叶片泵

2006 年，我国自主开发出一体化电动液压动力单元———一种内嵌式液压电机叶片泵，如图 3.10 所示。它省去了液压泵与电动机的联结单元（联轴器），将叶片泵泵芯直接置于浸油电动机转子内部，并在叶片泵泵芯前侧加入了孔板离心泵结构，共同构成了新型的一体化电动液压动力单元。针对此样机，测试了试验性能，获取了全面的试验性能数据，包括流量、温度、压力、转速等。该团队研制出的一体化电动液压动力单元与传统"三段式"的液压动力单元相比，体积减小 50%、轴向尺寸减小 61%，实物对比照片如图 3.11 所示。

一体化电动液压动力单元是集成了液压叶片泵和三相异步电动机的新型液压动力单元。这种结构是将叶片泵集成在特制电动机的转子中，去除了电动机风扇，采用油冷却的方式，与同型号同功率的电动机相比，大大降低了电动机部分产生的噪声，也能够改善电机效率。同时，噪声的减小可以改善人工工作环境，使环境更加人性化。

图 3.10 第一代电动液压动力单元图　　图 3.11 液压动力单元与电机油泵组的外形对比

　　图 3.12 所示为一体化电动液压动力单元样机内部结构图。一体化电动液压动力单元样机主要包含主轴、孔板离心泵、泵前盖、泵后盖、电机转子、电机定子、机座、泵芯座、叶片泵泵芯和出油口压盖，其中泵后盖上开有进油口，出油口压盖上开有高压油出油口。转子是集成了电机转子、主轴、孔板离心泵的复合体，通过转子套将电机转子和主轴合为一体，且复合转子始终在浸油环境中工作。这使得一体化电动液压动力单元不同于其他动力单元，工作状态具有特殊性。

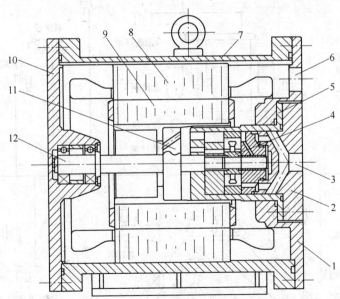

图 3.12 一体化电动液压动力单元样机内部结构

1—泵后盖；2—出油口压盖；3—高压油出油口；4—主泵；5—泵芯座；6—进油口；7—机座；
8—电机定子；9—电机转子；10—泵前盖；11—孔板离心泵；12—主轴

开机启动后，首先，电机定子通电产生电磁力矩，电磁力矩使得电机转子转动，电机转子通过转子套和主轴将转矩传递给主泵的转子；主泵工作时，动力单元内部形成负压，油液从样机的进油口吸入，经机座与电机定子之间的流道，流向孔板离心泵的进油腔，经过孔板离心泵增压作用之后再进入主泵的进油口；最后，油液经主泵作用后由高压出油口流出，连接在出油口的接头体可将压力油液输送至高压油管中通往工作系统。同时，液压油在动力单元内部循环流动，可以带走液压动力单元工作过程中产生的热量，从而起到冷却的作用。采用这种油液冷却的方式，可以省去传统动力单元中的冷却风扇。

3.4.2　飞机液压系统

液压系统凭借其高可靠性的特点，使其在航空领域中被广泛使用。采用轻量化液压设计，可以有效提高飞机等飞行器的空间利用率，并减轻飞机的质量，如飞行操纵装置的驱动、机翼增升装置驱动、机翼减升及飞机滚转驱动、起落架系统驱动以及主起落架刹车的操纵（图3.13）。因此，在保证飞行器正常工作的前提下，通过尽量缩小液压管路的管径，减少零件的体积，来达到轻量化、节省材料和空间的目的。

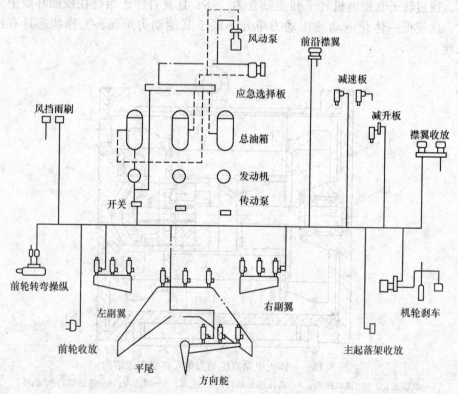

图3.13　飞机液压系统示意图

4 液压系统的模块化、集成化

4.1 液压系统模块化、集成化的应用意义

在机械设计和制造中，作为基础元件和技术的液压控制阀，具有标准化、组合化和通用化的良好基础。随着液压控制技术的演化发展，围绕着液压控制阀的功能、结构以及接口，始终伴随着局部模块化、集成化的努力，使产品在不同的功能、结构和接口层面上不同程度地得到改进。

模块化的产品可以简化系统的构造，使产品制造规范化和组合柔性化，加快和增强创造新产品的能力，提高产品的性能、质量、可靠性和可维护性，有利于生产制造的社会化、专业化和更加柔性化，有利于降低成本和优化供应链，实现产品的功能、性能的差异化和组成的多样化。

模块化和可组配原则是一种基于新思维的产品开发方法，在此基础上再集成化的意义将更深远。集成时，通常体现出部分构成全局、单元构成总体，而且更加着重于进程和总体解决方式。集成实现功能系统之间的沟通和互连，完成分离部件和模块的联合，完成各独立部分不能独自完成的任务，从而实现更强的功能。因此，基于模块化、可组配和开放式原则的集成化，显然是一种更为高级的组合和整体解决方案。

表4.1显示了液压系统连接方式的历史演变和发展动向，21世纪液压控制技术不仅面临着来自电气控制技术的新竞争和绿色环保的新挑战，同时还面临着将有相当一部分传统结构的产品进入技术生命周期衰退期的新现实。因此，必须从自身内部对其进行彻底改造。尤其是传统的三大类液压控制阀，从未来新型控制器件的发展要求的基本原则——即模块化、可组配和开放式结构入手，尝试推行"结构性创新"和"集成创新"，以便从整体和根本上变革现有的成熟产品和技术，为我国液压控制技术发展提供新的视角。

表 4.1 液压系统连接方式的历史演变和发展动向

年代	标准化	集成化	模块化、可组配和开放式原则评价	说明
1940~1960	管螺纹和法兰安装连接尺寸	管式连接、不能集成	根据机能单独设计，分散无序，结构多样化	寿命短，维修不便

年代	标准化	集成化	模块化、可组配和 开放式原则评价	说明
1960~1970	板式安装面趋于标准	向板式连接过渡，集成化有限	以换向阀为代表的同类机能元件实现部件通用组合互换	系统回路设计凭经验
1970~1980	形成板式安装面国际标准	板式连接标准趋于成熟，叠加阀得到发展	以叠加阀为代表的模块化组合设计和按子系统功能配置设计系列化	系统回路设计开始标准和局部模块化
1980~1990	二通插装阀标准迅速国际化，螺纹插装阀标准制订	插装式连接发展迅速，块式集成挑战板式集成	以二通插装阀为代表的可组配、模块化和开放式灵活组合集成，系列化和标准化的同时实现个性化和多样化	基于"液阻理论"，符合最少液阻原则，系统回路设计合理优化
21 世纪	安装孔标准趋于成熟完善	块式集成为主流	发展集成块化可组配、模块化和开放式液压集成控制元件和装置，设计细分和个性化定制	"最少液阻原则"进一步贯彻，模块化和标准化高度发展

4.2　液压系统模块化、集成化的原则

模块化是在系统综合考虑技术和产品结构的基础上，通过层次化和有序分解，便于整体和部分之间的优化组合，充分体现整体的协调性和灵活性，同时尽量使各部分具有相对独立性，以期达到简化系统设计，使构件得到集成组配和升级。模块化着眼于相似性和组合原则，合理平衡多样性和统一性之间的利弊，通过对复杂系统解耦简化并对组成合理封装，形成标准接口界面，提高互换和升级的便利性。

4.2.1　模块化原则

模块化是面向大规模定制的产品平台和产品族设计通用的重要原则。液压控制元件在面向模块化设计时，应考虑以下若干基本准则。

4.2.1.1　标准化、通用化、组合化准则

模块化既是一种产品开发设计方法，也是一种思维方式和一种设计过程。通过对液压系统进行系统的分析和综合研究，把其中相同或相似功能的基本单元加以分离筛选，按照标准化原则进行统一、归并、简化，结合当前技术和方法中符

合未来发展趋势的合理化（优化重组）准则，来设计通用化的以独立形式存在的基本单元模块，然后再按系统合理化的组合原则，将模块组合成多种功能和结构各异的新产品。

4.2.1.2　多样化准则

模块化设计应符合提高和完善面向产品多样化的需求，例如，面向系统回路整体解决方案的更大范围的多样化需求，通过模块化来实现产品的多样化，通常的方式有：

（1）采用通用的模块和连接方式来组合基本的产品；

（2）采用通用的模块为主和专用的模块相结合来组合专用要求的产品；

（3）采用通用模块变形来形成有局部变形功能需求的产品；

（4）通过基于通用模块或完全创新的方法形成新的产品。

4.2.1.3　模块划分原则

液压控制元件产品模块，基本上以所包含的功能的多少和结构的不同来加以划分。实际上，这种划分决定了液压控制元件产品模块的核心。它应遵循以下原则：

（1）功能独立性原则；

（2）结构独立性原则；

（3）最小耦合度原则；

（4）最小成本原则；

（5）多样化原则；

（6）易组合、装配、维修原则。

功能模块块体不再单是"单个元件"中的"阀体"，也不再单是采用安装面连接时的"油路块"，而是功能和用途更为复杂和广泛的"功能模块块体"。这些"模块块体"依据控制组件产品级或回路和系统应用级产品的不同，可以通过变形设计加以形成和配置。

从总体上看，通过用较少的模块化零部件，较少的安装孔、面等工艺要素和型胚材料，多样化的配置和变型设计，持续优化的供应链，个性化的液压产品生成和流程，能够达到更加高效、节能、降耗和环保，为工业和移动液压用户及制造企业创造新的增值的目的（图4.1，图4.2）。

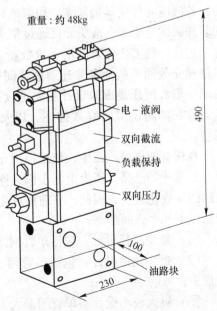

图 4.1　IH20 叠加式四通回路集成块

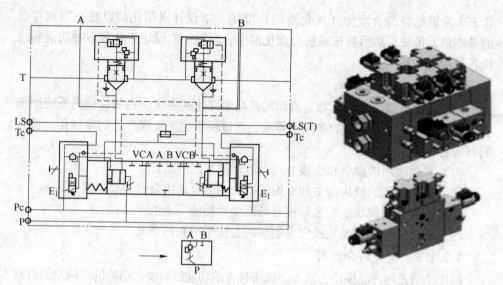

图 4.2   MHV (S)-MPV 原理图及实体图

4.2.2   集成化原则

液压集成块表面分布着与液压阀有关的安装孔、通油孔、连接螺钉孔和定位销孔等，各种不规则承装元件在各面上紧凑布局。其内部则是密集、复杂、纵横交错的孔道网络，用于沟通液压阀的油口，以构成液压回路。液压元件安装布局中，各液压元件应尽量紧凑、均匀地分布在集成块各个表面，同时需要综合考虑安装和调试等要求。液压元件通过集成块内部孔道连通，无法直接连通时需要设置工艺孔，且工艺孔要满足一定数量、孔径和深度的要求，同时还要满足连通油路相交处通流截面和非连通油路间安全壁厚等要求。图 4.3 为一液压集成块装配模型。液压集成块设计主要是液压元件布局和油路连通问题，其核心是液压元件和油路模型的有效描述，以及优化方法与液压集成块设计问题的有效结合。

在现有的机械产品中，液压控制元件及其集成系统始终是属于较为活跃和十分有效的一类产品。历史上基于板式连接的多种集成和叠加阀等始终引领着液压控制的集成化进步，因此，目前集成化的主体方式依然是基于安装面的。集成化应从以下几个方面考虑：

（1）最短路径设计：包括单管网路径最短和所有连通管网总路径最短；

（2）最少孔道设计：包括单管网工艺孔个数最少和所有连通管网工艺孔总数最少；

（3）极大极小设计：单管网最大工艺孔数目最小；

（4）最小体积设计：阀块体体积最小；

图 4.3 液压集成块装配模型

（5）最佳性能设计：设计出的集成块管网具有良好的动态响应特性。

4.2.3 可组配原则

可组配原则是未来液压控制技术和产品开发中的另一个重要原则。未来新型液压控制元件中，可组配的原则将在总体格局和各个分层次以及分层次的子层次中普遍适用和存在。例如，先导控制级中电-机转换组件、阀芯组件、含先导液阻网络的先导阀芯和电-机转换组件；主级中的阀芯组件及它们的组合，安装连接和配合控制的块体；以及由上述几种组件组成的功能模块等等，都会大量出现可配组的结构或集合。更重要的是，不仅会大量出现实体的配置，甚至会进一步出现非实体性变化的配置形式。而且这一特性将必然导致和用户进行"一对一"的、个性化和多样化配置的销售模式，并使之得到真正的发展。

4.2.4 开放式原则

在液压控制元件产品族和产品平台中，开放式原则首先针对的是模块的连接和接口属性。由于基于电液控制为主的新型液压控制器件，既有机械产品的接口和功能，又有电子产品的接口和功能，因此应当充分重视接口的标准化。如上所述，只有实现模块化组件的标准化，才能使模块具有通用性、互换性和兼容性。液压控制元件和系统中，机械部件的连接要素主要是安装面和安装孔及相应的螺纹连接要素，而电-机转换器中则主要是接插件等。由于这两者在接口结构和功能上不同，机械部分主要传递能量（流量、压力），而电子部分主要传递信息（电压、电流），电气电子部分既有电磁铁（属电-机转换器件），又有检测、控制器件等。因此，应当根据专业和行业的知识，按产品模块化组件接口的性质和物理特征考虑，充分考虑机械模块的连接形式、尺寸及精度要求（标准），电子产品模块的接口形式、接口电路参数的匹配以及物理尺寸（标准）。这些考虑必须基于现有国际统一和被认可的标准，或创新的、易于接受的标准。这些原则，可视为液压控制元件或系统的开放式原则。

4.3 典型实例

4.3.1 采用紧凑型二通插装阀的模块化组合式电液多路阀系统

二通插装阀作为一种替代型技术，有着向工业液压应用中最为广阔的应用范围发展的技术优势和巨大空间。特别是当前在中国，传统板式阀市场中同质化日趋严重，而板式阀将所依赖连接的"安装面"作为历史上制造技术和信息化技术尚不发达时的"过渡性"结构，在整体性方案中，正在广泛被基于"安装孔"连接方案替代。图 4.4 为二通插装阀的模块。

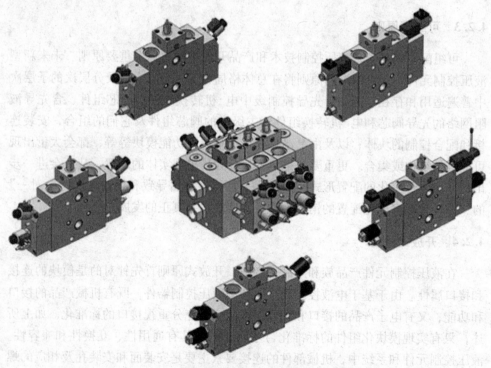

图 4.4　二通插装阀模块

通过市场应用的分析对比发现，二通插装阀向中小流量应用拓展，其技术关键在于：必须对现有产品进行小型化、紧凑化重组，进行产品结构的合理优化和创新，进行供应链流程再造，顺应当前液压传动元件的紧凑化、轻量化和更加高效、节能、降耗和环保的迫切要求。

采用紧凑型二通插装阀的模块化组合式电液多路阀系统的原理图如图 4.5 所示，该插装阀包括：

（1）由两组各两个紧凑型二通插装阀座阀主级来控制的两个可逆的受控腔；

（2）一组进行负载补偿控制和插装阀压力补偿控制的组件，阀块块体组成电液多路阀的主体；

（3）主体经由两个侧置的法兰控制盖板进行自供油先导控制；

（4）电液多路阀主体，侧置的法兰控制端盖先导级及附件组合成具有四个主油口 P、T、A、B 和多个控制油口 Pc、Tc、Ls 以及辅助孔口，组成片式连接的自供油新型高压电-液多路换向阀；

（5）与动力部分和工作机械相连的主油口；

（6）电液多路阀的主体，包括了两组共四个对称布局和配置的具有两个主油口的紧凑型二通插装阀座阀主级，由该两组座阀主级构成电液多路阀的四个可控主阀口；

（7）换向阀块块体内设置了用来安装两组共四个对称布局的二通插装阀安装孔和一个独立设置的插装阀安装孔；

（8）法兰控制端盖，用于阀块主体的两组共四个座阀主级进行两侧侧面的固定连接和控制。

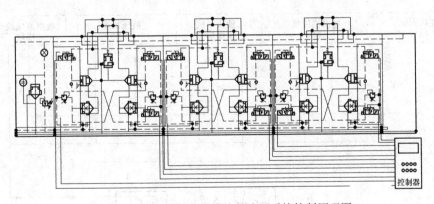

图 4.5　采用二通插装阀模块的液压系统控制原理图

紧凑型插装阀不仅满足传统结构电-液多路阀的基本控制功能和连接方式，而且可以通过更多和更合理的模块化、组合式可配置方案，来满足移动液压对控制提出的更高效、更节能和更多样化的需求，也有利于配合主机实现更低的排放和全局协调控制。

4.3.2　液压系统模块化在船舶制造业的应用

　　液压系统在船舶上使用非常普遍，特别是大中型散货船上，应用种类和数量更是占据船舶首位，包括舵机液压系统、锚绞机液压系统、舱盖液压系统、吊机液压系统和救生艇起吊液压系统等。图4.6所示为一条37000t中型散货船，其中的液压吊机数量配置就达到4台。

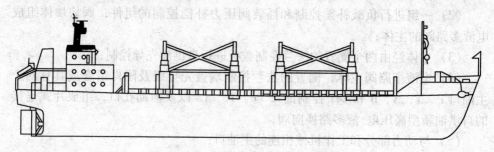

图4.6　37000t散货船船外形图

4.3.2.1　多套船舶液压系统的集成

　　如图4.7所示，多套船舶液压系统包括艉部液压绞车模块、液压吊艇模块、液压吊机模块、首部锚绞机模块和舵机液压模块，这些液压系统分布在船首、船尾、左舷和右舷等各处，通过配置一套公共的液压动力中心，可以向每个模块提供液压油液。液压动力中心包含液压泵组模块、液压油箱模块和过滤热量交换模

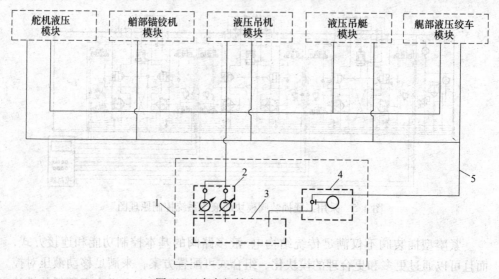

图4.7　多套船舶液压系统的集成图

1—液压动力中心；2—液压泵组模块；3—液压油箱模块；4—过滤热量交换模块；5—液压管路

块，其中液压泵组由变频电机驱动，通过调频可以控制各个液压模块的供油量，因而避免了每套液压系统单独配置一个液压站，大大节省了船舶内宝贵的安装空间。

4.3.2.2 船舶液压集成系统的特点

为了最大限度地充分利用船体结构空间，与陆上液压系统相比，船舶液压系统的设计布局紧凑，没有多余的空间。同时所处的海洋环境复杂恶劣，风暴、潮湿和货物装卸带来的污染粉尘等都对船舶液压系统的安全可靠运行带来直接影响。将多套船舶液压系统进行集成优化布局，可以有效改善液压系统的运行环境条件，主要有以下两方面优点：

（1）液压系统整体性能得到有效保障。将多套液压系统集成，配置一套公共的液压动力中心。液压动力中心可以获得一个宽敞的结构空间场所，从而为各个液压系统的污染控制提供了优良的实施条件，可在液压动力中心安装在线污染度传感器和专家系统，实施液压油的聚结过滤脱水等技术。另一方面，由于控制中心环境条件优越，可采用 PLC 在线监控油液温度、自动定期报警和更换液压油的措施和方法。通过采取全面清洁度控制措施，使得液压系统的损坏和失效率降至最低。

相比之下，分散配置的各个液压系统，由于结构空间的限制，不可能配置完备的过滤冷却系统。因此，随着季节环境的变化，会直接影响到液压系统的可靠运行。夏季环境温度升高，会降低液压油液的黏度；冬季环境温度降低，液压油液的黏度增高。这样就会直接降低液压系统中的密封效果，产生泄漏污染，运动部件的磨损也会加大。

（2）可实现液压系统的主动维护。液压系统工作不稳定或者出现各类故障的原因，70%~80%与系统的污染有关。因此，要提高船舶设备的可靠性和使用寿命，必须采取主动维护措施。主动维护是继故障维修、预防维修、状态维修后，国际上近几年来提出的一种新的设备管理理论，即：对导致设备损坏的根源问题采取措施，将问题解决在萌芽阶段，从而有效地防止失效的发生，延长设备的使用寿命。

有了结构空间宽敞的液压动力中心，就可以装设需要定期维护的液压元件，如过滤循环装置、热量交换器、压力控制单元、多路换向控制阀组和流量调节阀等，从而免除了船员爬到狭窄的吊机高处、闷热的舱室等危险场所进行设备维护，有效改善了船舶设备运行环境。

4.3.3 飞机液压系统的集成设计与制造

飞机液压系统是通过液压泵将机械能（飞机发动机）或电能（飞机电源）转换成液压能，液流经过控制方向、流量、压力的液压控制元件成为驱动执行机构的可用介质，再经过液压作动器将液压能重新转换成机械能，成为飞机操纵、襟翼收放、起落架收放、机轮刹车等系统的助力或能源。

最早的飞机液压系统由非常简单的液压附件组成，执行着非常简单的操纵任务，附件之间经由硬管或软管相联接。随着飞机操纵功能的不断增加，液压系统广泛地得到应用。飞机的起飞着陆、机动飞行、发动机尾喷口调节等动作，都以液压作为能源，使得液压系统在飞机中占有相当的重要地位。

随着液压系统的功能增加，同时增加了元件以及管路的数量，这就增加了液压系统所需要的空间、重量和故障率。为了减少液压系统的体积和重量，进一步减轻液压系统的维护工作量，促使飞机液压系统向集成化和小型化发展，通过精巧的创新设计，可发挥出液压系统的特点和优势。

4.3.3.1　集成化的设计思想

液压系统集成化设计，就是把系统附件进行集成整合，按系统功能进行模块化综合设计，将整个液压系统划分为几大功能模块，将同一功能模块中的附件集成在一起，实现功能上的一体化和结构上的集成化。

在现代的飞机液压系统设计中，均采用了集成化的设计思想。一般的飞机液压系统分为几大功能模块，如操纵助力系统、起落架正常收放系统、起落架应急收放系统和正常刹车系统等。将每个系统的附件均通过一个集流器（如图 4.8 所示）进行连接，将液压控制元件集中在一起，通过集流器这一零件形成板式连接。液压附件采用螺纹连接的方式插装在集流器上（如图 4.9 所示），附件之间的油路通过集流器内部的孔相连接，这就使液压系统的连接方式由管路连接变为板式连接。集流器的使用，有以下优点：

（1）减少了沿程压力损失，降低了泵的选用额定压力；

（2）缩短了管路的长度，减少了管路的数量，从而减轻了液压系统的重量；

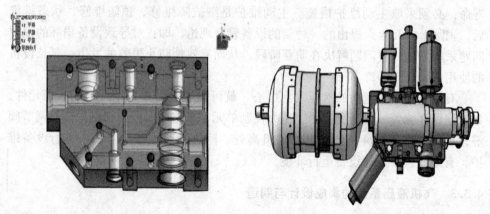

图 4.8　集流器　　　　　　　　　图 4.9　集流器组件

（3）缩小了体积，同时也避免了由于压力脉动产生震动而导致的管路的疲劳断裂；

（4）完成了液压子系统的集成，减少了故障率，提高了可靠性，也为系统的排故提供了方便；

（5）减少了泄漏；

（6）便于系统的装配，将附件集中在一起，减少了管路数量，节省了装配工时；

（7）系统的集成，降低了系统在战场中受到破坏的概率，提高了系统的安全性能。

4.3.3.2　飞机液压系统集成化的最优设计

集流器的设计方法，只将系统的控制元件集中在一起，是半集成化的设计。而集成化的最优设计，需要包括液压泵、液压油箱等全部液压元件，形成一个完整的液压源，即液压包。液压包安装在离执行机构最近的地方，减少了管路的长度，减少了压力损失，是集成化的最优设计。如哈飞集团与法国公司联合研制的HC120 直升机，以及美国的 UH-60 "黑鹰"直升机，均采用了液压包的设计方式，极大地提高了液压系统的性能和安全性能。

5 液压新介质

5.1 液压介质的发展概况

现代液压技术是在古老的水压传动技术的基础上发展和完善起来的一门新兴技术。在17世纪末及随后的100多年里，液压传动的介质一直是水。19世纪后半叶，出现了以纯水为介质的液压机械和元件，主要用于船舶锚机和起重机上。但是，由于纯水存在黏度低、润滑性能差和易造成元件腐蚀、密封问题一直未能很好解决等缺点，以及电气传动技术的发展和竞争，曾一度导致液压技术停滞不前。

在20世纪初期，随着石油工业的兴起和耐油合成橡胶的出现，促进了液压传动技术由初始的纯水液压传动进入油压传动时代，矿物型液压油也以良好的综合理化性能取代了水而成为最主要的液压工作介质，液压元件和系统的性能也因此得以大大提高，从而极大地推动了液压传动技术的进步。第二次世界大战期间，尤其20世纪60~70年代，液压技术得到了快速发展和日臻完善，进入稳定成熟的发展时期。

目前，液压工作介质在环保节能方面有两个发展方向：一是发展全新的以水为工作介质的水液压系统；二是发展生物可降解的环保液压油为工作介质。

5.2 液压介质的性能要求

液压介质在液压传动过程中的功能如下：
（1）传递动力；
（2）润滑作用，减少相对运动部件之间的摩擦与磨损；
（3）密封作用；
（4）冷却作用；
（5）防止锈蚀；
（6）迅速沉淀和分离不可溶的污染物。
为满足上述功能，液压介质应当具备以下性质：
（1）可压缩性；（2）黏性；（3）润滑性；（4）安定性；（5）抗泡沫性；
（6）阻燃性；（7）洁净性；（8）相容性。

同时，还应有无毒性无臭味，比热容和热导率大，体胀系数小等性能。

5.3 各种新型液压介质

5.3.1 水液压

现代液压技术在工业生产和其他领域有着十分广泛的应用。由于纯水具有来源广泛、无污染和阻燃性好等优点，积极开展纯水液压传动的研究与开发，对节约能源、保护环境、可持续发展及开发绿色液压产品，都具有十分重要的意义。纯水液压技术在工业领域中的应用有以下几个方面。

5.3.1.1 柱塞泵

图 5.1 所示的是华中科技大学研制的超高压阀配流海水轴向柱塞泵，该泵采用油水分离润滑结构，自带有补水阀，以解决泵工作时存在的润滑油温度过高及自吸不足的问题。

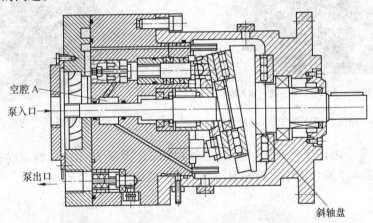

空腔 A

泵入口→

泵出口→

斜轴盘

图 5.1 超高压阀配流海水轴向柱塞泵

图 5.2 所示为浙江大学研制的海水高压柱塞泵在某海岛反渗透海水淡化工程中的应用。

韩国国立金乌工科大学近年来也开展了水液压技术的研究工作，研制了如图 5.3 所示的球面配流水液压轴向柱塞泵。该泵采用通轴式球面配流结构，取消了滑靴斜盘副。柱塞副采用连杆滑块机构，通过约束盘强迫连杆球头紧贴斜盘轮廓运动，从而使缸体旋转过程中柱塞可沿轴线往复运动。

2010 年，波兰弗洛茨瓦夫工业大学研制了齿轮和外齿圈均采用工程塑料的摆线转子齿轮泵（如图 5.4 所示）。该泵采用液压油作为工作介质时，工作压力为 5MPa，容积效率超过 70%。该齿轮泵的关键摩擦副采用工程塑料配对，为水液压齿轮泵提供了新的设计思路。

图 5.2　海水高压柱塞泵

图 5.3　球面配流水液压轴向柱塞泵

图 5.4　工程塑料摆线转子内啮合齿轮泵

2011 年，浙江大学开展了额定压力 14MPa、排量 30mL/r、额定转速 3000r/min 的低噪声水液压内啮合齿轮泵（图 5.5）的研制。

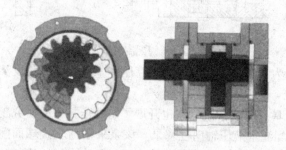

图 5.5　水液压内啮合齿轮泵

5.3.1.2　溢流阀

日本神奈川大学于 2005 年开发了直接检测先导式水液压溢流阀（图 5.6），设计了主阀芯静压支承结构来减小摩擦，利用主阀芯二级节流口来降低气蚀特性的影响，其压力等级为 14MPa，压力超调 1%，滞环为预调压力的 0.1%，但其流量仅为 20L/min。2011 年，神奈川大学又研发了通过凸轮驱动阀芯移动的水液压比例方向阀（如图 5.7 所示），此阀滞环小于 0.1%，非线性度小于 ±0.2%，频响达到 10Hz。

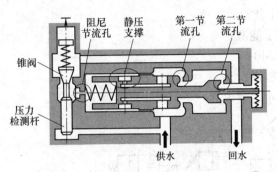

图 5.6 直接检测先导式水液压溢流阀　　　　图 5.7 步进电机和凸轮机构
　　　　　　　　　　　　　　　　　　　　　　驱动的水液压比例阀

图 5.8 所示为华中科技大学于 2007 年设计研制的压力调节范围为 3.8 ~ 14MPa、滞环为 4.2%、流量可达 40L/min 的水液压比例溢流阀。

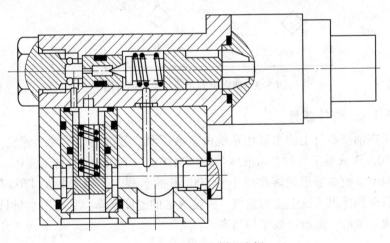

图 5.8 水液压比例溢流阀

5.3.1.3 食品机械

目前，水液压技术在食品工业的应用最为广泛。由于食品工业有严格的卫生要求，而油压系统的泄漏、污染从根本上不可避免，所以被气动和电机系统所取代。但由后两者组成的系统经济性差，而且还存在着精确控制特性差、压力低和效率低问题，以及电机系统严格的"三防"要求、无级调速性能差等缺点。相比而言，水液压系统不仅满足了食品工业严格的卫生要求，而且没有气动和电机系统的缺陷，因而在奶酪机、屠宰机、汉堡包机、牛奶场和磨面机等机器上得以广泛采用。

图5.9为水液压系统应用在切肉机上的原理图，其工作压力为10MPa。和传统的气动切肉机相比，该系统有如下优点：

（1）降低了能量的消耗，节约了能源；

（2）噪声下降了18dB，仅有72dB；

（3）切割性能和寿命有很大的提高；

（4）经济性好、重量轻、体积小、效率高。

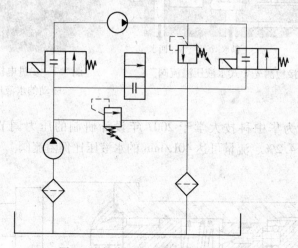

图5.9 切肉机的水液压系统原理图

5.3.1.4 消防器材

应用在消防器材上的水液压系统由水液压泵、蓄能器、喷嘴、管道等组成，见图5.10。灭火器工作时，水液压泵产生大约80~100MPa的高压流体，当流经特殊喷嘴时，流体被迅速雾化成小于$100\mu m$的水滴，体积膨胀了1700倍左右，这样可以彻底排出火区上空的空气，并使火区的温度下降。它的用水量只有普通喷水灭火系统的一部分，效率相当高。

5.3.2 环保型液压油

5.3.2.1 环保型液压油的概念

生物可降解环保型液压油是指既能满足液压系统的工作要求，其耗损产物又对环境不造成危害的液压油。润滑油的可生物降解特性是其特性中最主要的指标。可生物降解特性是指物质被活性有机体通过生物作用分解为简单化合物如CO_2和H_2O的能力。

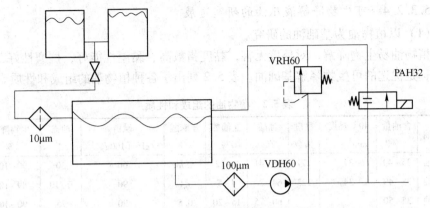

图 5.10　消防器材上的水液压系统

5.3.2.2　环保型液压油的发展

从节能和环保方面考虑，除了采用水作为工作介质以外，具有现实意义的是发展生物可降解环保型液压油。目前市场上出售的液压油液有 86% 左右是石油型液压油，10% 左右是难燃型液压油，只有 4% 左右是环保型液压油。可见，目前环保型液压油的应用率非常低。随着石油资源的逐渐枯竭，以及人类环保意识的逐渐增强，环保型液压油必然会得到越来越广泛的应用。自 1975 年德国推出生物可降解二冲程舷外机油以来，欧美及日本等国对环保型润滑油及液压油的研究和应用极为重视，我国近年来也开展了环保型润滑油及液压油的研究及生产。

5.3.2.3　环保型液压油的组成

液压油液主要由基础油和添加剂组成，基础油的含量通常占液压油液的 80% 以上，因此，它对液压油的性能，例如生物降解性、挥发性、对添加剂的溶解性以及与其他液体的互溶性等，起着决定性作用。此外，基础油还是决定液压油的氧化稳定性、低温固化性、水解稳定性等性质的重要因素。通常在基础油内添加抗磨剂、防腐剂、抗氧化剂、防锈剂、抗泡剂等添加剂，以提高液压油液的性能。

两种不同基础油的性能比较见表 5.1。

表 5.1　生物可降解基础油与矿物型基础油的性能比较

	矿物油	植物型基础油	合成聚酯型基础油
生物降解能力（ASTMD-5864）/%	10~40	40~80	30~80
黏度指数	90~100	100~250	120~220
倾点/℃	-54~-15	-20~-10	-60~-20
氧化安定性	好	差~好	差~好
使用寿命/年	2	0.5~1	1~3
相对费用	1	2~3	4~6

5.3.2.4　可生物降解液压油的研究进展

（1）以植物油为基础油的研究。

植物油易生物降解，对环境无害，黏度指数高、黏温性能好，抗磨性好，价格低，是优选的可生物降解基础油。表 5.2 列出了各种植物油的组成和性质。

表 5.2　植物油的组成和性质

植物油	含油量 /%	40℃黏度 /mm² · s⁻¹	黏度指数	油酸 /%	亚油酸 /%	亚麻酸 /%	碘值 /gI · (100g)⁻¹	浊点 /℃	生物降解 /%
棕榈油	35~40	37	171	38~41	8~12	痕量	60	30	90~100
橄榄油	38~49	34	123	64~86	4~5	<1	90	0~10	89~100
花生油	35~50			60~75	15~20	0.5	90	25	90~100
菜籽油	35~40	35	210	59~60	19~20	7~8	120	0~10	94~100
大豆油	18~20	27.5	175	22~31	49~55		130	0~10	90~100
葵花油	42~63	28	188	14~35	30~75	<0.1	140	−5~5	90~100
亚麻油	32~43	24	207	20~26	14~20	51~54	190	−10	85~100
玉米油	3~6	30	162	26~40	40~55	<1	118	0~10	95~100
蓖麻油	50~60	232	72	2~3	3~5		110	−15	88~100

（2）以改性植物油为基础油的研究。

普通植物油作为基础油的液压油，性能不能满足现代液压系统要求，可通过生物技术、精制和化学改性来提高其质量。一般来说，油酸含量越高，亚油酸和亚麻酸含量越低，其不饱和度越低，热氧化安定性越好。图 5.11 显示了植物油中油酸含量与氧化稳定性的关系。

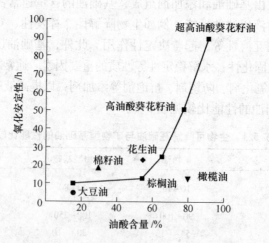

图 5.11　油酸含量与氧化稳定性的关系

因此，选用油酸含量较高的植物油做基础油具有较好的氧化稳定性。利用现代生物技术培育高油酸含量的植物，如高油酸葵花籽油，油酸含量可达90%以上。

（3）以合成酯为基础油的研究。

研究表明，合成酯基础油的性能与其化学结构有很大关系。其分子结构中的支链、芳环会影响其生物降解性、黏度、高低温性能、润滑性能等。不同合成酯的生物降解性如表5.3所示（ＣＥＣ方法）。

表5.3 不同合成酯的生物降解性

合成酯类别	生物降解性/%	合成酯类别	生物降解性/%
单酯	90~100	多元醇酯	70~100
二元酯	75~100	复合多元醇酯	70~100
聚合油酸酯	80~100	线性结构新戊基多元酯	100
二聚酸酯（36聚酯）	20~80	球形结构新戊基多元酯	2
二酯+聚酯	70~100	新戊基多元醇混合酸酯	94

从整体上看，植物油和合成酯是可生物降解液压油基础油的主要研究方向，另外还有聚醇醚、聚醚、异构烯烃及多种基础油调合物为基础油的液压油研究。多种基础油的调合作为基础油可以起到协同互补的作用，是今后研究开发的重点方向之一。

5.3.2.5 环保型液压油存在的问题

（1）低温问题。许多植物油在低温下会胶凝或固化，这对液压系统提出了严峻挑战。

（2）压力额定值。有些高性能的可生物降解液压油具有极好的承载能力和耐磨性能，在-17.8~82℃时，其耐磨性比传统的液压油要好。目前，生物可降解液压油的工作压力一般不超过34.5MPa，当压力超过34.5MPa这一值时，使用菜籽油的液压泵磨损极为严重，较大的承载工况可把甘油三酸酯分解为酸，从而破坏泵内的有色金属。

（3）寿命。若暴露在光照下，生物可降解液压油会变黑，因为油中的光敏类脂类和脂肪材质会吸收紫外线而改变颜色。

5.3.3 水基液

目前研究应用较多的水基液主要有高水基液、转化乳液和水-乙二醇三大类。它们在那些要求防火且系统因振动大而致泄漏量大的地方，如钢铁及采矿企业，早已应用多年；而在一般液压系统中应用尚不普遍，还处于研究试用阶段，但其前景是令人乐观的。

5.3.3.1 高水基液（HWBF）

含有95%的水和5%的油或添加剂的液体称为高水基液。添加剂通常包括乳化剂、抗磨剂、防锈和防氧化剂及杀虫剂等。美国、德国、日本等国在高水基液的研究应用上近年来都做了不少工作。常见的高水基液主要有以下三种：水包油乳化液、合成乳化液和微乳化液。

这三类高水基液均具有成本低、抗燃性好、黏度变化小、系统元件易清洗、不污染环境及供应运输方便的优点。在 1970 年代末，美国多家汽车公司曾对各种液压系统的泵、阀、缸等元件做了使用高水基液的广泛试验和现场试验，有十六个试验台还模拟现场环境进行了长期耐久性试验。一家自动机床厂成功地将高水基液应用于液压系统达 100000h。另一家自动机床厂现已有 150 台液压设备使用高水基液，该厂还准备逐步在所有液压系统中都使用高水基液。各厂家的实验说明，在泵的转数 $n = 1200 r/min$，工作压力 $p = 6.86 MPa$（$70 kgf/cm^2$）的条件下使用高压基液比较可行。试验中用过柱塞泵、叶片泵和齿轮泵，虽然都能工作，但柱塞泵可不必改动就能适应，且寿命可达 10000h。

5.3.3.2 转化乳液（水包油乳液）

转化乳液一般由 40%的水和 60%的石油组成。在油的百分比中，包括了少量杀菌剂、耐高压润滑剂、气相抑制剂和抗凝作用的乙二醇，在一定温度下其稳定性与润滑性均优于高水基液。转化乳液由制造厂家在规定温度下配置后再提供给用户，一般不宜自行配制。使用中应经常检查其稳定性，最简单而又快速的方法是，把四滴乳液滴到有水的容器中。乳液如稳定，它们应在水下面形成小珠，上升到水表后，小珠仍有很强的保持原样的趋势；如不稳定，它们将会像牛奶滴入水中一样很快扩散。转化乳液的最小含水量不得低于 86%，否则其防火性能将显著下降，而工作中想补充水分是比较困难的。

当系统压力在 6.8MPa 时，采用转化乳液的柱塞泵、叶片泵和齿轮泵均能顺利工作，少数情况下压力达 8.8MPa 时亦很好。但实践表明，叶片泵寿命将缩短。当压力为 10MPa 时，采用齿轮泵和柱塞泵均能工作。而当压力升高到 20MPa 时，只有柱塞泵比较合适。不过，柱塞泵所占空间较大，对那些要求泵尺寸紧凑的地方，如铸造机液压系统，又不宜用柱塞泵。为此，美国大湖钢厂采用了体积较小的内齿轮泵，效果也可以。

5.3.3.3 水-乙二醇

水-乙二醇由 45%的水、35%的丙烯二醇（或乙烯）、15%的浓缩剂和用于防止气相、腐蚀及抗磨损的添加剂等组成，其性能比转化乳液更稳定。水-乙二醇是溶液，不会分解也不会生长细菌，当温度降到-59℃才凝结，是性能最稳定、适合于在低温下工作的防火水基液。水-乙二醇均由制造厂家按配方配置后提供给用户，只需定期检查其含水量和不定期检查其 pH 值。如含水量不足时，可经过蒸馏、冷凝去除离子，即可恢复其应有比例。如系统正在工作，可由回油管路上某处慢慢加入水；如系统不工作时，则应边加水边机械搅动。当然，所加水绝不能随便添加城市或工业用水，以防与液体中的抗磨添加剂起钙镁反应，堵塞滤清器等。

水-乙二醇价格昂贵，比转化乳液还贵 1.5 倍，所以尽管性能很好，一般只用于环境湿度很低而又要求防火的地方，如炼焦炉用液压系统。

综上所述可见，除由于环境温度高的钢厂有采用转化乳液的趋势外，室内固定机械液压系统工作介质有向高水基液发展的趋势。高水基液价格仅为液压油的 1/8 左右，并可在使用地点自行配制而大大减少运费，还有耐火等优点。对拥有大量加工机床的汽车、拖拉机、农机具的制造厂和修配厂会带来很大经济效益。尤其是在压力不太高的液压系统中，更易得到应用。当然，高水基液与传统液压元件之间存有的不适应问题，将增加使用中的维修保养量。但随着对高水基液性能和元件材料结构的改进，使之相互适应，相信新的与高水基液相适应的液压系统和元件将会出现。目前国外如美、日、德等国均已取得巨大进展。

5.3.4　智能流体

智能流体，又称为可控制流体，是一种在电子技术、控制技术与液压技术日益结合、发展情况下研制出来的一类新型流体传动介质，具有液态、固态、电性或磁性等多重自然属性。利用流体动力学、热物理学和光效应原理，通过计算机或其他控制元件发出的电控信号，控制其流变特性，从而达到控制或驱动相应设备的目的。

5.3.4.1　智能流体的类型

智能流体包括电流变液（ERF）和磁流变液（MRF）两种。目前对 ERF 的研究比对 MRF 的研究要成熟些。如 ERF 的工作机理可从微观上用双电层效应、极化效应、电渗效应等理论解释，而 MRF 还没有一种可行的理论来解释其流变特性。但从宏观上讲，都是利用电场或磁场来调节其流变特性，体现其职能特性。

5.3.4.2　智能流体特性

（1）电流变性和磁流变性

ERF 或 MRF 在外加电场或磁场后，能够在 1ms 内从自由流动的液体变为固体，而黏度的变化是无级的，随电场或磁场增强而变大，所能承受的压力或剪切力也与电场强度成正比。在外加电场时，磁场去掉之后，又能立即恢复为自由流动状态。

（2）与现有系统兼容性

智能流体一般由基础液体、固体颗粒添加剂和表面活化添加剂组成，其电或磁流变效应添加粒子很小，其流动特性、工作特性等与传统液压油没多大区别。智能流体与现有液压系统材料具有较好的相容性，可以代替现有液压油。从抗污染能力来讲，ERF 对水的要求严格，但在很宽的温度范围内有高强度、低黏度和高稳定性的特点。

5.3.4.3 电流变液

电流变液是一种悬浮液，其流变特性在外加电场的作用下会发生明显变化，黏度、剪切强度等随外加电场强度的提高而增大，响应迅速（为毫秒级）。电流变液的剪切强度可以在很大范围内通过电场快速、连续可调地变化，因而有着很广阔的应用前景，例如可以应用在离合器、阻尼器、减震器、制动器、无级变速器等装置中。

电流变液一般是由半导体固体颗粒与绝缘液体混合而成的悬浮液，目前普遍制备的电流变液通常含有固体颗粒、基础液和添加剂等几个组分。其中，基础液通常为非极性的绝缘液体，且需满足以下性质：

（1）介电常数要远小于固体颗粒的介电常数；

（2）绝缘性能好，即具有高电阻率；

（3）具有高的击穿电压，一般要大于 100kV/mm；

（4）具有高的沸点和低的凝固点；

（5）黏度低，保证电流变液在零电场时黏度较低；

（6）密度较大，以与分散相密度相匹配，防止沉降；

（7）化学稳定性好。

实验中常用的基础液有硅油、植物油、矿物油、凡士林油、润滑油、煤油和烃类化合物等。固体颗粒是电流变液的重要组成部分，其尺寸为微米或纳米量级。人们普遍认为电流变液中的固体颗粒应该有较高的介电常数，并具有较低的电导率。为了防止固液分离，颗粒的密度要尽量接近基础液，并且物理和化学性能要相对比较稳定。固体颗粒根据组成材料的不同可以分为无机材料和有机材料。无机材料多为金属氧化物，有机材料一般是含有大 π 键的电子共轭材料，属于电子导电型材料。用于制备电流变液的材料，无论是无机材料还是有机材料，在电场下都应具有良好的极化性能。

5.3.4.4 磁流变液

磁流变液（Magneto Rheological Fluid，MRF）是智能材料的一种，是将在磁场作用下可极化的微小固体磁性颗粒均匀分散在基液中而形成的悬浮液，其流变特性随外加磁场的变化而变化。在外加磁场的作用下，磁流变液能在瞬间（毫秒级）从自由流动的牛顿流体转变为具有一定剪切屈服强度的近似固体的黏塑性体；撤去外加磁场后，又恢复为自由流动的牛顿流体状态，且这种转变具有连续、可逆、可控的特性。外加磁场对磁流变液的黏度、塑性和黏弹性等特性的影响称为磁流变液的磁流变效应。磁流变液以其奇特的流变特性广泛应用在机械、汽车、航空、建筑、医疗等领域，逐渐形成一种新的技术——磁流变技术。磁流变技术和液压传动与控制技术相结合，将是流体传动技术新的研究方向——磁流变液压技术。图 5.12 所示为磁流变液样品，图 5.13 所示为磁流变液的机理和应用示意图。

图 5.12　磁流变液样品

　　磁流变液由载液、离散的可极化的磁性颗粒、表面活性剂等组成。载液可以采用现有的矿物油为基础的液压油，磁性颗粒一般为微米或纳米级的铁磁性颗粒，表面活性剂常用的是油酸。随着纳米技术的发展，纳米铁磁性颗粒进入产品化生产。由于纳米颗粒具有的表面效应和体积效应，纳米铁磁性颗粒制成的磁流变液的悬浮稳定性有了显著的提高，铁磁性颗粒直径一般在 1 ～ 60nm 范围内。在此范围内的颗粒不会对液压系统造成污染，也不会对系统的工作造成影响，因此磁流变液可作为液压系统的工作介质。纳米级金属粉作为新型固体润滑剂，其粒度在 $0.03 \sim 14.5 \mu m$ 之间的金属粉，作润滑剂具有很好的极压润滑作用。因此，磁流变液在系统中运行的时候，可以对控制元件和执行元件有一定的润滑作用。图 5.14 所示为一个磁流变液压系统。

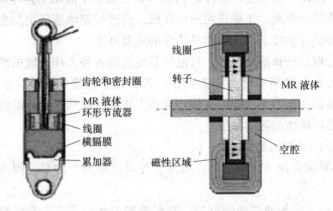

图 5.13　磁流变液的机理和应用

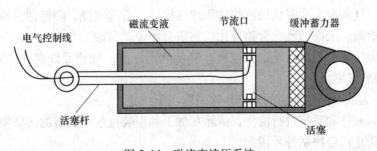

图 5.14　磁流变液压系统

5.4　液压介质发展趋势

目前，国内外对于高水基液压介质的研制越来越深入。国内主要开发了水-乙二醇液压油，性能测试表明，其抗腐蚀性、防锈性、稳定性等均符合要求。但是受到液压元器件的限制，高水基液压介质并没有得到广泛应用。

液压介质有两个发展方向：

一是大力开发适合水基液作为传动介质的液压元件。开发新技术或采取可靠的技术措施，使液压系统及元器件的性能与水基液压介质相适应，并研制适应水基液压介质的辅助元件，在全国范围内推广。

二是寻找新的替代能源。从应用的角度考虑，必须满足液压介质的性能要求，安全可靠。从环境友好的角度考虑，应该是可降解、可再生的资源。

5.5　液压介质的选择与污染故障

据统计，液压系统发生的故障，约70%以上是由于液压工作介质选择不当或油污污染造成的。因此，正确选用液压介质，合理控制油液污染的发生，是保证液压系统运转的可靠性、准确性和灵活性的重要环节。

正确而合理地选择液压油液，对液压系统适应各种工作环境的能力、延长系统和元件的寿命、提高系统工作的可靠性等，都有重要的影响。选择液压油液时，首先应根据液压传动系统的工作环境和工作条件来选择合适的液压油液的类型，然后再选择液压油液的黏度。

（1）液压油液被污染的危害：

1）固体颗粒会加速元件磨损，堵塞缝隙及滤油器，使泵、阀性能下降，产生噪声。

2）水的侵入会加速油液的氧化，并和添加剂起作用产生黏性胶质，使滤芯堵塞。

3）空气的混入会降低油液的体积弹性模量，引起气蚀，降低油液的润滑性。

4）溶剂、表面活性化合物等化学物质会使金属腐蚀。

5）微生物的生成会使油液变质，降低润滑性能，加速元件腐蚀；对高水基液压液的危害更大。

（2）为减少液压油液的污染，常采取以下措施：

1）对元件和系统进行清洗，清除在加工和组装过程中残留的污染物。

2）防止污染物从外界侵入。

3）采用合适的过滤器。这是控制液压油液污染的重要手段。应根据系统的不同情况选用不同过滤精度、不同结构的过滤器，并定期检查和清洗。

4）控制液压油液的温度。对于长期使用的液压油液，氧化、热稳定性是决定温度界限的因素，因此，应使液压油液长期在低于它开始氧化的温度下工作。

5）应防止在贮存、搬运及加注过程中污染油液。

6）对油液定期抽样检验，并建立定期换油制度。

7）油箱的贮油量应充分，以利于系统的散热。

8）保持系统的密封，一旦有泄漏，就应立即排除。

6 ◆ 液压比例伺服化

6.1 电液伺服比例控制简介

6.1.1 液压伺服和比例控制系统的工作原理

液压伺服控制系统是以液压动力元件作驱动装置所组成的反馈控制系统。在这种系统中,输出量(位移、速度、力等)能够自动、快速而准确地复现输入量的变化规律;同时,还对输入信号进行功率放大,因此也是一个功率放大装置。液压伺服系统以其响应速度快、负载刚度大、控制功率大等独特的优点在工业控制中得到了广泛的应用。电液伺服系统通过使用电液伺服阀,将小功率的电信号转换为大功率的液压动力,从而实现了一些重型机械设备的伺服控制。

液压伺服系统的工作原理可由图 6.1 来说明。

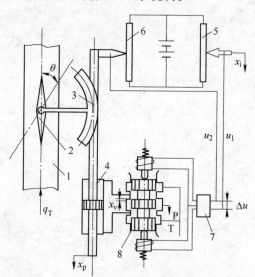

图 6.1 管道流量(或静压力)的电液伺服系统
1—流体管道;2—阀板;3—齿轮、齿条;4—液压缸;5—给定电位器;
6—流量传感电位器;7—放大器;8—电液伺服阀

图 6.1 所示为一个对管道流量进行连续控制的电液伺服系统。在大口径流体

管道 1 中，阀板 2 的转角 θ 变化会产生节流作用而起到调节流量 q_T 的作用。阀板转动由液压缸带动齿轮、齿条来实现。这个系统的输入量是电位器 5 的给定值 x_i。对应给定值 x_i，有一定的电压输给放大器 7。放大器将电压信号转换为电流信号加到伺服阀的电磁线圈上，使阀芯相应地产生一定的开口量 x_v。阀开口 x_v 使液压油进入液压缸上腔，推动液压缸向下移动。液压缸下腔的油液则经伺服阀流回油箱。液压缸的向下移动，使齿轮、齿条带动阀板产生偏转。同时，液压缸活塞杆也带动电位器 6 的触点下移 x_p。当 x_p 所对应的电压与 x_i 所对应的电压相等时，两电压之差为零。这时，放大器的输出电流亦为零，伺服阀关闭，液压缸带动的阀板停在相应的 q_T 位置。

在控制系统中，将被控制对象的输出信号回输到系统的输入端，并与给定值进行比较而形成偏差信号，以产生对被控对象的控制作用。这种控制形式称之为反馈控制。反馈信号与给定信号符号相反，即总是形成差值。这种反馈称之为负反馈。用负反馈产生的偏差信号进行调节，是反馈控制的基本特征。而在图 6.1 所示的实例中，电位器 6 就是反馈装置，偏差信号就是给定信号电压与反馈信号电压在放大器输入端产生的 Δu。

图 6.2 给出对应图 6.1 实例的方框图。控制系统常用方框图表示系统各元件之间的联系，方框中用文字表示了各元件。

图 6.2　伺服系统实例的方框图

6.1.2　液压伺服与比例控制系统的组成

一般情况下，伺服与比例控制都是由输入元件、比较元件、电气放大器、液压伺服（比例）控制阀、执行元件、反馈元件（闭环系统）和控制对象这几部分组成的。

输入元件——将给定值加于系统的输入端的元件。该元件可以是机械的、电气的、液压的或者是其他的组合形式。

反馈测量元件——测量系统的输出量并转换成反馈信号的元件。各种类形的传感器常用做反馈测量元件。

比较元件——将输入信号与反馈信号相比较，得出误差信号的元件。

放大、能量转换元件——将误差信号放大，并将各种形式的信号转换成大功率的液压能量的元件。电气伺服放大器、电液伺服阀均属于此类元件。

执行元件——将产生调节动作的液压能量加于控制对象上的元件，如液压缸或液压马达。

控制对象——各类生产设备，如机器工作台、刀架等。

其他——各种校正装置，以及不包含在控制回路内的液压能源装置。

6.1.3 液压伺服和比例控制系统的优缺点

液压伺服和比例控制系统的优点：

（1）液压元件的功率-重量比和力矩-惯量比大，可以组成结构紧凑、体积小、重量轻、加速性好的伺服系统。

（2）液压动力元件快速性好，系统响应快。

（3）液压伺服系统抗负载的刚度大，即输出位移受负载变化的影响小，定位准确，控制精度高。

液压伺服和比例控制系统的缺点：

（1）液压元件，特别是精密的液压控制元件（如电液伺服阀），抗污染能力差，对工作油液的清洁度要求高。

（2）油温变化时，对系统的性能有很大的影响。

（3）当液压元件的密封设计、制造及使用维护不当时，容易引起外漏，造成环境污染。

（4）液压元件制造精度要求高，生产成本高。

（5）液压能源的获得和远距离传输都不如电气系统方便。

6.2 电液伺服技术

6.2.1 电液伺服阀

电液伺服阀既是电液转换元件，又是功率放大元件。它能够把微小的电气信号转换成大功率的液压能（流量和压力）输出，其性能的优劣对系统的影响很大。因此，它是电液控制系统的核心和关键。为了能够正确设计和使用电液控制系统，必须掌握不同类型和性能的电液伺服阀。

6.2.1.1 电液伺服阀的功能

伺服阀输入信号是由电气元件来完成的。电气元件在传输、运算和参量的转换等方面既快速又简便，而且可以把各种物理量转换成为电量，所以在自动控制系统中，广泛使用电气装置作为电信号的比较、放大、反馈检测等元件。而液压元件具有体积小、结构紧凑、功率放大倍率高、线性度好、死区小、灵敏度高、动态性能好、响应速度快等优点，可作为电液转换功率放大的元件。因此，在控制系统中，常以电气为"神经"，以机械为"骨架"，以液压控制为"肌肉"，最大限度地发挥机、电、液的长处。

6.2.1.2 电液伺服阀的构成

由于电液伺服阀的种类很多，但各种伺服阀的工作原理又基本相似，其分析研究的方法也大体相同，故这里以常用的力反馈两级电液伺服阀和位置反馈的双级滑阀式伺服阀为重点，讨论它的基本方程、传递函数、方块图及其特性分析。对其他伺服阀，只介绍其工作原理，同时也介绍伺服阀的性能参数及其测试方法。

电液伺服阀包括电力转换器、力位移转换器、前置级放大器和功率放大器等四部分：

电力转换器包括力矩马达（转动）或力马达（直线运动），可把电气信号转换为力信号。

力位移转换器包括扭簧、弹簧管或弹簧，可把力信号变为位移信号而输出。

前置级放大器包括滑阀放大器、喷嘴挡板放大器和射流管放大器。

功率放大器（滑阀放大器）输出的液体流量具有一定的压力，驱动执行元件进行工作。具体方式如图 6.3 所示。

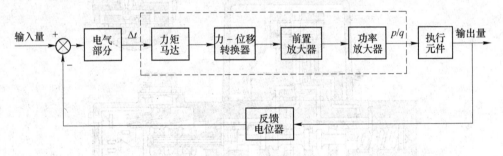

图 6.3 电液控制系统方块图

6.2.1.3 电液伺服阀的分类

电液伺服阀的种类很多，根据它的结构和机能，可作如下分类：

（1）按液压放大级数，可分为单级伺服阀、两级伺服阀和三级伺服阀，其中两级伺服阀应用较广。

（2）按液压前置级的结构形式，可分为单喷嘴挡板式、双喷嘴挡板式、滑阀式、射流管式和偏转板射流式。

（3）按反馈形式，可分为位置反馈、流量反馈和压力反馈。

（4）按电-机械转换装置，可分为动铁式和动圈式。

（5）按输出量形式，可分为流量伺服阀和压力控制伺服阀。

（6）按输入信号形式，可分为连续控制式和脉宽调制式。

6.2.1.4　电液伺服阀的性能

电液伺服阀是电液伺服系统的核心，其性能在很大程度上决定了整个系统的性能。目前广泛应用的电液伺服阀以喷嘴挡板阀居多，然而与喷嘴挡板阀相比，由于射流管阀具有抗污染性能好、可靠性高等特点，越来越多的伺服阀生产厂商研制并推出了射流管式电液伺服阀。大多数电液伺服系统采用两级电液伺服阀就能满足要求，对于一些特殊应用场合（如冶金行业的液压自动厚度控制系统等），则需要采用大流量伺服阀。这种大流量伺服阀可以是带有位置反馈的三级电液伺服阀，也可以是动圈式全电反馈的先导式两级阀（如 MK 阀）。对于三级电液伺服阀来说，其前级阀可以是喷嘴挡板的力反馈式，也可以是射流管式。为了进一步提高伺服阀的抗污染能力，近年来又研制出电液伺服比例阀，它兼顾了伺服阀的高灵敏度和比例阀的抗污染性。图 6.4 所示为一种先导级为射流管阀的伺服比例阀，其工作原理与射流管式伺服阀基本一致，通过位移传感器和电子控制器对主阀芯位置进行精确控制。

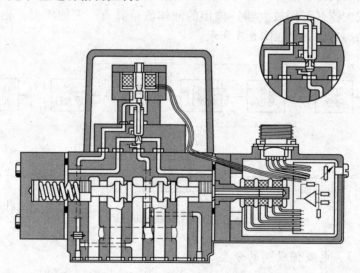

图 6.4　电液伺服比例阀

在航空航天领域，由于空气阻力干扰比较复杂，导致大惯量、小阻尼的液压伺服系统稳定性变差，特别在高频下易出现谐振现象（如运载火箭的推力矢量伺服系统），通过采用动压反馈式电液伺服阀有效地解决了这一难题。动压反馈式电液伺服阀是在普通流量伺服阀的基础上增加了一个由反馈活塞、反馈弹簧组成的微分网络，并与一对反馈喷嘴构成液压高通滤波装置，如图 6.5 所示。当负载压差发生谐振时，反馈活塞在负载压差的作用下往复运动，形成的液流通过反馈喷嘴作用于挡板，产生一个与控制力矩方向相反的反馈力矩，迫使衔铁组件回复零位，滑阀的开口量随之减小，使得负载谐振峰值降低，起到了增加系统阻尼的作用。

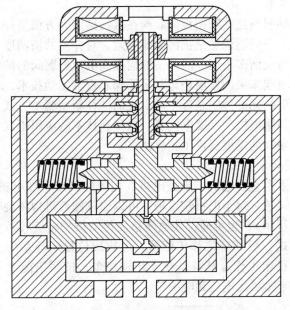

图 6.5 动压反馈式电液伺服阀结构图

6.2.1.5 新工艺、新材料的应用

针对以上常用的电液伺服阀，当前的研究主要集中在加工工艺改进、新材料应用、测试手段提升等方面。在加工工艺方面，采用新型加工设备和加工工艺，主要目的是提高伺服阀的加工精度、加工效率和合格率，降低生产成本，并进行工序间测量，如滑阀副的高精度配磨和测量、力矩马达的高质量焊接件和弹性元件的性能测量等。同时，通过提高生产和测试的自动化程度，有效保证了伺服阀性能的一致性。在新材料应用方面，对伺服阀的一些零件采用了强度、刚度、弹性等力学性能更优的材料，力反馈杆头部的小球采用耐磨性更好的红宝石，密封材料也更能耐高压、耐腐蚀。新材料的使用使伺服阀不仅能适应常用的液压油，而且也能适应航空煤油、柴油等腐蚀性强的工作介质。在测试手段方面，采用计算机技术实现伺服阀静动态性能测试，同时测试不同介质、压力、温度等情况下伺服阀的性能，并且还测试振动、噪声、抗电磁辐射干扰等性能，有效提高了伺服阀的质量。

6.2.1.6 新型电液伺服阀的研发

现代国防和民用工业应用中，对电液伺服阀性能提出了越来越高的要求。为此，一些研究机构及伺服阀厂商围绕节能高效、提高可靠性、提升响应速度、降低成本等方面进行了一些新型伺服阀的研究，主要体现在采用新驱动方式、使用新材料、探讨新原理或设计新结构、应用数字控制技术等几个方面。

A　新驱动方式

尽管射流管伺服阀比喷嘴挡板伺服阀在抗污染能力方面要好，但这两种类型的伺服阀存在的突出问题仍然是抗污染能力差，对介质的清洁度要求非常高。这给其使用和维护造成诸多不便。因此，如何提高电液伺服阀的抗污染能力和提高可靠性，成为伺服阀未来的发展趋势。采用阀芯直接驱动技术，省掉了喷嘴挡板或射流管等易污染的元部件，是近年来出现的一种新型驱动方式，如采用直线电机、步进电机、伺服电机、音圈电机等。这些新技术的应用不仅提高了伺服阀的性能，而且为伺服阀的发展提供了新思路。

a　阀芯直线运动方式

这种伺服阀采用直线电机、步进电机、伺服电机或音圈电机作为驱动元件，直接驱动伺服阀阀芯。对于电机输出轴，可以通过偏心机构将旋转运动变成直线运动（如图 6.6 所示），也可通过其他高精度传动机构将旋转运动转换为直线运动。这种驱动方式一般都有位移传感器，可构成位置闭环系统，精确定位开口度，保证伺服阀稳定工作。其特点在于结构简单，抗污染能力好，制造装配容易。伺服阀的频带主要由电机频响决定。

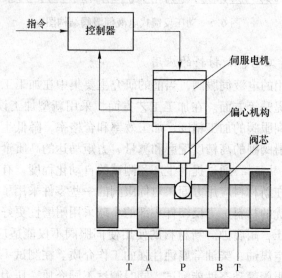

图 6.6　采用偏心机构的电机驱动伺服阀原理

b　阀芯旋转运动方式

旋转式驱动是指通过主阀芯旋转实现伺服阀节流口大小的控制和机能切换。图 6.7 所示为一种旋转阀的油路结构原理，主要由阀套、转轴和驱动元件组成。转轴由步进电机、伺服电机或音圈电机直接驱动，转轴沿圆周方向分别开有 4 个可与压力油腔相通的油槽和 4 个可与回油腔相通的油槽。阀套上均匀分布 4 个进油孔和 4 个回油孔，油孔的直径略小于转轴上油槽的宽度，使进油和回油互不连

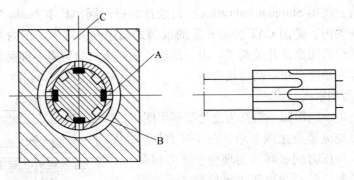

图 6.7 旋转阀的油路结构

通。另一种转阀的形式是阀芯上开有螺旋式结构的油槽，通过电机转动阀芯，实现节流口大小的调节。

由于伺服电机响应频率快，因此可以带动阀芯进行快速旋转，实现工作油口的快速切换和节流口的快速调节，从而保证了伺服阀的频带。

B　新原理和新结构

传统的伺服阀存在节流损失大、抗污染能力差等缺陷，为此，一些新原理或新结构的伺服阀被提出并得到应用。前面提到的旋转阀便是一种新结构的伺服阀，另外还有高速开关阀、压力伺服阀、多余度伺服阀、MK 阀和非对称伺服阀。

a　高速开关阀

高速开关阀的原理如图 6.8 所示。这种伺服阀具有较强的抗污染能力和较高的效率。其工作原理是根据一系列脉冲电信号控制高频电磁开关阀的通断，通过改变通断时间即可实现阀输出流量的调节。由于阀芯始终处于开、关高频运动状态，而不是传统的连续控制，因此这种阀具有抗污染能力强、能量损失小等特点。高速开关阀的研究主要体现在三个方面：一是电-机械转换器结构创新；二是阀芯和阀体新结构研制；三是新材料应用。国外研究高速开关阀有代表性的厂

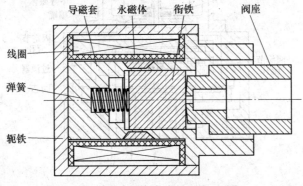

图 6.8　高速开关式电-机械转换器

商和产品有：美国 Sturman Industries 公司设计的磁闩阀、日本 Nachi 公司设计生产的高速开关阀、美国 CAT 公司开发的锥阀式高速开关阀等。国内主要有浙江大学研制的耐高压高速开关阀等。由于高速开关阀流量分辨率不够高，因此主要应用于对控制精度要求不高的场合。

　　b　压力伺服阀

　　常规的电液伺服阀一般都为流量型伺服阀，其控制信号与流量成比例关系。在一些力控制系统中，采用压力伺服阀较为理想。压力伺服阀是指其控制信号与输出压力成比例关系。图6.9 所示为压力伺服阀的结构原理，通过将两个负载口的压力反馈到衔铁组件上，与控制信号达到力平衡，实现压力控制。由于压力伺服阀对加工工艺要求较高，国内目前还没有相关成熟产品。

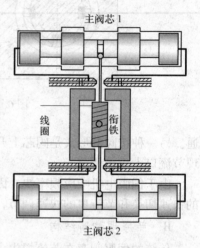

图 6.9　压力伺服阀

　　c　多余度伺服阀

　　鉴于伺服阀容易出现故障，影响系统的可靠性，在一些要求高可靠性的场合（如航空航天），一般都采用多余度伺服阀。大多数多余度伺服阀都是在常规伺服阀的基础上进行结构改进并增加冗余，比如针对喷嘴挡板阀故障率较高的问题，将伺服阀力矩马达、反馈元件、滑阀副做成多套，发生故障时可随时切换，保证伺服阀正常工作。图 6.10 所示为一种双喷嘴挡板式余度伺服阀，通过一个电磁线圈带动两个喷嘴挡板转动，当其中一个喷嘴挡板卡滞后，另一个可以继续工作。

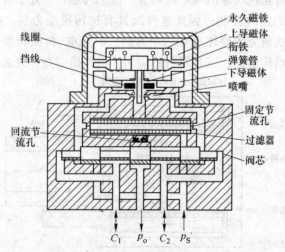

图 6.10　双喷嘴挡板余度伺服阀

d　动圈式全电反馈大功率伺服阀（MK 阀）

动圈式全电反馈伺服阀（MK 阀）可以分为直动式和两级先导式两种，其中两级阀中的先导级直接采用直动阀结构，功率级为滑阀结构。图 6.11 为动圈式全电反馈的直动式伺服阀结构原理，当线圈通电后（电流从几安培到十几安培），在电磁场作用下动圈产生位移，从而推动阀芯运动。通过位移传感器精确测量阀芯位移，构成阀芯的位置闭环控制。

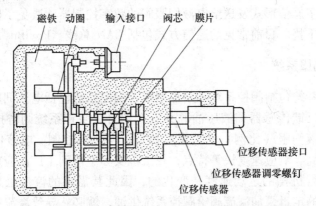

磁铁　动圈　输入接口　阀芯　膜片

位移传感器接口
位移传感器调零螺钉
位移传感器

图 6.11　动圈式全电反馈的直动式伺服阀结构原理

e　非对称伺服阀

传统电液伺服阀阀芯是对称的，两个负载口的流量增益基本相同，但是用其控制非对称缸时，会使系统开环增益突变，从而影响系统的控制性能。为此，通过特殊阀芯结构设计研制的非对称电液伺服阀，可有效改善对非对称缸的控制性能。

C　数字控制技术

随着数字控制及总线通讯技术的发展，电液伺服阀也朝着智能化方向发展，具体表现在以下几个方面。

a　伺服阀内集成数字驱动控制器

对于直驱式伺服阀或三级伺服阀，由于需要对主阀芯位移进行闭环控制以提高伺服阀的控制精度，因此在伺服阀内直接集成了驱动控制器，用户无需关心阀芯控制，只需要把重点放在液压系统整体性能方面。

另外，在一些电液伺服阀内还集成了阀控系统的数字控制器。这种控制器具有较强的通用性，可采集伺服阀控制腔压力、阀芯位移或执行机构位移等，通过控制算法实现位置、力闭环控制，而且控制器参数还可根据实际情况进行修改。

b　具有故障检测功能伺服阀

它属于机、电、液高度集成的综合性精密部件，液压伺服系统的故障大部分都集中在伺服阀上。因此，实时检测与诊断伺服阀故障，对于提高系统维修效率非常重要。目前可通过数字技术对伺服阀的故障（如线圈短路或断路、喷嘴堵塞、阀芯卡滞、力反馈杆折断等）进行监测，但这方面的技术还有待进一步提高。

c　采用通信技术

传统的伺服阀控制指令均是以模拟信号形式进行传输，对于干扰比较严重的场合，常会造成控制精度不高的问题。通过引入数字通信技术，上位机的控制指令可以通过数字通信形式发送给电液伺服阀的数字控制器，避免了模拟信号传输过程中的噪声干扰。目前常见的通信方式包括 CAN 总线、ProfiBus 现场总线等。

6.2.2　电液伺服系统

电液伺服系统包括阀控系统和泵控系统，阀控系统包括电液伺服阀、执行机构、控制器、反馈传感器和液压油源共五个部分。泵控系统则省掉了电液伺服阀，直接由电液伺服（比例）变量泵对执行机构进行控制。电液伺服阀控系统具有控制精度高、响应速度快等特点，在工程实际中得到了广泛应用。然而，一般阀控系统执行机构的运动速度是变化的，因此其需求的流量也是变化的，显然，采用常规的定量泵加溢流阀给阀控系统供油，就必然导致溢流损失而造成液压油发热，使得系统效率较低。这不仅增大了系统装机功率，而且附加的冷却装置又增加了系统的体积和成本。另外，发热也是造成液压系统故障的主要原因之一。恒压变量泵加蓄能器的供油方式可有效克服定量泵加溢流阀供油方式的缺陷，大多数阀控系统都采用这种油源泵站。对于电液伺服（比例）变量泵直接控制油缸或马达的容积式系统，可有效提高系统的效率。但泵控系统控制精度低、响应慢，只能应用在精度和性能要求不高的场合。为了克服阀控和泵控系统的各自缺点，阀控系统的供油泵站可采用变频调速电机驱动定量泵的供油方式来改变泵站输出流量，虽然变频调速技术非常成熟，但这种方式输出的流量动态特性差，与变量泵相比，其流量调节的滞后更大。为此，又有学者提出了采用伺服电机驱动定量泵的供油方式，伺服电机的响应速度要远高于变频电机。不过它们的共同缺点是液压泵的转速不能过低，否则其压力波动太大，将影响压力的稳定性。

电液伺服系统的发展趋势主要有以下几个方面。

6.2.2.1　节能型伺服系统

A　伺服直驱泵控系统

伺服直驱泵控系统是利用伺服电机带动泵直接驱动执行机构的电液伺服系统。图 6.12 是一种伺服直驱泵控系统原理框图，主要由伺服电机驱动定量泵组成，通过反馈与给定进行比较来控制伺服电机转速，从而控制执行机构带动负载运动。

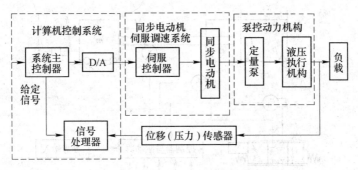

图 6.12 伺服直驱泵控系统原理

为减少能耗，完全一体化设计的电机泵动力组合是目前电液伺服技术研究的热点。作为机电一体化的一种具体表现形式，它不是一般电机加泵的简单整体结构联接，而是一种全新技术，这也反映出电液伺服技术的发展动向。对这种设计来说，如果电机转子、定子能借助泵的过油来冷却，不仅可取消电机风扇，降低能耗，而且冷却效果也比空气高数倍，可以在保证电机转子、定子不过热的前提下，提高输入电流（功率），获得两倍于原绕组产生的额定输出功率，从而提高原动机效率。应用这种伺服直驱泵控系统的效率比阀控系统能提高 40% 以上，大大减少了系统发热，这将成为实现液压控制技术绿色化的理想途径之一。直驱泵控系统在注塑机中已得到了广泛应用。

B 泵阀协控双伺服系统

伺服阀控系统的特点是高精度、高频响，但效率低；而伺服直驱泵控系统的特点是高效节能，但控制精度低。因此，将伺服阀控系统和伺服直驱泵控系统结合在一起，形成泵阀协控双伺服系统，同时实现高精度、高频响和高效节能的控制，成为一个研究热点。对于这种复合系统的建模分析、解耦优化控制等问题，也是一个重要的研究课题。

以伺服恒压泵站和伺服阀控缸系统组成的双伺服系统为例，如图 6.13 所示。由伺服阀负载节流口的动态流量方程可知，液压能源对伺服阀控缸位置闭环系统的影响主要通过油源压力来体现。因此，必须保证控制过程中泵站能够提供恒定的压力油。然而，阀控缸系统所需的流量是实时变化的，要想保证节能，油源泵站提供的流量就要跟随其变化，而流量的变化又可能导致供油压力的波动，进而影响控制精度。也就是说，阀控缸位置闭环系统通过流量约束对伺服电机驱动的定量恒压泵站系统产生影响。这样，伺服阀控缸系统和伺服电机驱动泵系统彼此间相互依赖，又相互影响，形成了一个耦合的大系统。对其进行解耦与系统优化控制，也需要进一步研究。

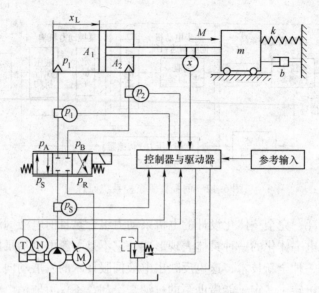

图 6.13   泵阀协控双伺服系统原理

6.2.2.2   主被动负载工况下的电液伺服系统

A   单腔控制

对于单向负载（如弹性负载、举升运动）系统，当油缸伸出（或缩回）时，需要克服阻力，就需要液压源提供高压油。而当油缸缩回（或伸出）时，外力作用使其运动，则不需要提供高压油。因此，对这种负载工况下的电液伺服系统，可以采用单腔控制油路，如图 6.14 所示，只需要用伺服阀的一个负载口控制油缸无杆腔，有杆腔连接经过减压阀输出的低压油，溢流阀和蓄能器便能保证油缸工作时有杆腔的低压保持恒定。

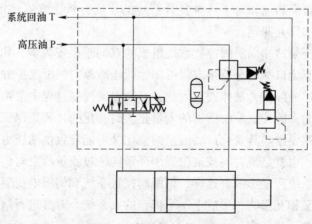

图 6.14   单腔控制液压原理

B 负载口独立控制系统

对于同时存在主、被动负载的电液伺服系统，采用如图 6.15 所示的负载口独立控制的双伺服阀控缸位置闭环控制系统。由于对称阀控非对称缸，或者存在被动负载的电液伺服系统的控制效果较差，而负载口独立控制的双伺服阀系统的出现，打破了传统电液伺服阀控系统的进出油口节流面积关联调节的约束，增加了伺服阀的控制自由度，提高了系统的性能和节能效果。因此，负载口独立控制系统得到了学者们的关注。

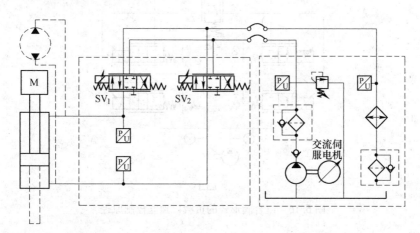

图 6.15 负载口独立控制的双伺服阀控缸系统原理

负载口独立控制油路通过两个伺服阀分别控制油缸两腔，每个伺服阀都可以控制其进、出口的流量和压力，共有四种控制模式。如何选择一种高效节能的控制方式并相互平滑切换，是此种控制油路的研究重点。四种工作模式中，主要是进口流量、出口压力控制，适用于主动负载；进口压力、出口流量控制，适合于被动负载；进、出口流量控制，适用于系统静态稳定时的位置调节；进、出口压力控制，更适合于阀控缸力伺服系统。

图 6.16 所示为组合阀形式的负载口独立控制系统，集成了多个二位二通比例阀。通过对各个阀工作状态进行组合，可实现负载口独立控制。美国普渡大学的 Bin Yao 教授等在这方面进行了大量的研究工作，目前已有公司进行了专利申请和产品试应用。

6.2.2.3 多阀并联式电液伺服系统

在一些电液伺服系统中，要求执行机构能以大速度跟踪给定信号，这就要求系统必须使用大流量伺服阀。但大流量伺服阀频带和分辨率又比较低，为解决"大流量"和"低频响"、"低分辨率"之间的矛盾，提出双伺服阀并联控制方式。在系统快速跟踪阶段，采用双伺服阀同时工作的大流量特性，精确定位时采

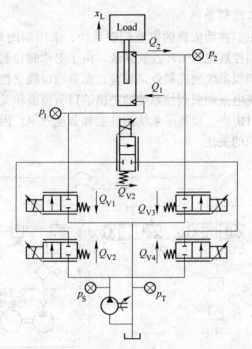

图 6.16　组合阀形式的负载口独立控制原理

用单阀的高精度和高频响特性。其中多伺服阀控制的好坏，将直接影响整个系统的动态性能，并且还影响切换过程是否能平滑过渡。因为关闭其中一个伺服阀，系统的增益会突然下降，产生流量的不连续和对被控对象的冲击。针对这些问题，有学者开展了多阀并联控制技术的相关研究和应用。

6.2.2.4　高度集成的一体化电液伺服系统

为了便于系统的使用、安装及维护维修，高度集成的一体化设计已成为电液伺服系统的发展趋势。这种理念可实现电液伺服系统的柔性化、智能化和高可靠性。比较理想的设计是将油箱、电机、泵、伺服阀、执行机构、传感器等高度集成在一起。其优点是：无需管路连接，结构更加紧凑，减少了泄漏和二次污染等。同时由于各部件都是直接相连，可缩小容腔体积，更有利于提高系统固有频率。但也存在一定缺陷，如散热面积过小会导致快速发热，加注油液时难以排出密闭容腔内的空气等。

6.2.2.5　高性能电液伺服系统

随着工业应用的发展，对电液伺服系统的性能也提出了越来越高的要求。主要体现在以下几个方面：

（1）超高压。通过提高液压能源和伺服阀、执行机构的工作压力等级，可大大减少系统的流量和系统的体积、重量。目前电液伺服系统的工作压力正在朝着 35MPa 或者以上的超高压级别发展。

（2）高频响。某些电液伺服系统往往要求很高的频响，而系统的频带主要受执行机构固有频率、电液伺服阀频带制约。因此，要提高系统频响，需要综合考虑两者之间的匹配。

（3）高精度。执行机构的控制精度主要体现在定位精度和跟踪精度。要实现高精度控制的前提是传感器的精度要足够高，而执行机构的摩擦也会影响其低速运行时的平稳性。另外，伺服阀的分辨率也会影响精度。

6.2.2.6 数字控制技术

近年来，随着电子技术、控制理论的研究和发展，电液伺服系统的数字控制技术已得到迅速发展和应用。

A 硬件控制器

高性能的 PLC、DSP、PC104 等嵌入式控制器的应用，为电液伺服系统实现先进控制算法奠定了基础。另外，采用数字通信技术，使上位机能够通过 CAN 总线、ProfiBus 总线、以太网等向电液伺服系统的控制器发送指令，实时传送参数，并在线监控系统的运行状态。

B 控制算法

在控制算法方面，针对电液伺服系统的非线性、参数时变、存在滞回、负载复杂等问题，一些先进控制算法得到了应用。

除常用的 PID 算法外，其他比较典型的控制算法主要有以下几种：

a 鲁棒自适应控制

在传统自适应控制系统中，扰动能使系统参数严重漂移，导致系统不稳定。特别是在未建模的高频动态特性条件下，如果指令信号过大，或含有高频成分，或自适应增益过大，或存在测量噪声，都可能使自适应控制系统丧失稳定性。自适应鲁棒控制（Adaptive Robust Control）结合了自适应控制与鲁棒控制的优点，以确定性鲁棒控制为基础，增加了参数自适应前馈环节，在处理不确定非线性系统方面取得了良好的效果。电液伺服系统中，普遍存在系统参数获取困难、负载模型不易建立、系统强耦合且非线性严重（如滞回、摩擦、死区等）等问题。通常采用鲁棒自适应控制方法实现在线估计参数，对非线性环节进行补偿，保证了存在建模不确定性和外界干扰系统的鲁棒性。鲁棒自适应控制器的原理如图6.17 所示。

b 具有参数自整定功能的 PID 控制

PID 控制因其结构简单、含义明确、容易理解等特点，在工程中得到广泛使用。但是电液伺服系统属于非线性系统，大量的实际应用表明，当系统状态发生变化时，固定参数的 PID 控制器性能变差。因此，具有参数自整定功能的 PID 控制得到了研究和应用。PID 控制器的参数整定方法包括常规的 ZN 法、继电反馈

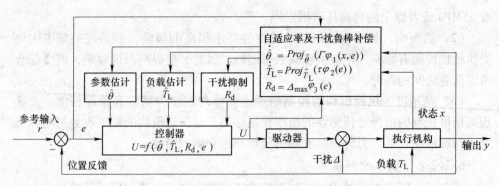

图 6.17 位置伺服系统的鲁棒自适应控制器原理

法、临界比例度法等。在传统方法中，有的需要依靠系统精确数学模型进行参数整定，有的需要开环实验确定控制器参数。这些方法都容易造成系统振荡，因此基于闭环系统实验数据的 PID 控制器参数整定算法得到了重视。比较典型的方法包括：迭代反馈整定算法和极限搜索算法。这两种算法均是利用闭环系统的输入输出数据进行控制参数的整定，其不同之处在于，迭代反馈整定法每次迭代过程需要进行三次实验，而极限搜索法只需要进行一次实验。

　　c 自抗扰控制

　　自抗扰控制是中科院韩京清研究员提出的一种控制算法，优点是不考虑被控系统的数学模型，将系统内部扰动和外部扰动一起作为总扰动，通过构造扩张状态观测器，根据被控系统的输入输出信号，把扰动信息提炼观测出来，并以该信息为依据，在扰动影响系统之前用控制信号将其抵消掉，从而获得最优的控制效果。从频域角度看，这样的控制手段要优于一般"基于误差"设计的 PID 控制器。自抗扰控制器原理如图 6.18 所示。

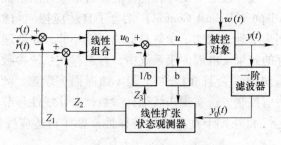

图 6.18 自抗扰控制器原理

　　C 故障检测与诊断

　　随着工业过程对电液伺服系统的可靠性要求越来越高，故障检测和诊断已成为控制器中一个必不可少的功能。

通过故障检测，可向用户发出故障报警，如传感器故障、伺服阀故障等。目前比较成熟的故障检测技术主要以数据为主，如专家系统故障检测、神经网络故障检测等。上述方法都需要大量的数据样本或专家知识作为前提。根据目前公开的文献看，现有的故障检测技术还只能局限于一些简单故障，对于复杂故障的诊断，还有待于新故障诊断技术的发展。

6.2.3 经典应用

6.2.3.1 液压自动厚度控制（HAGC）系统

在轧钢生产线上，轧机的压下控制采用电液伺服阀控缸作为执行机构，液压缸的负载主要为弹性负载。通过建立电液阀控缸模型、钢板弹性形变模型、轧机机架的力弹跳模型等，可以实现钢板厚度的高精度实时控制。图 6.19 所示为某中板热轧生产线 HAGC 系统原理和实物照片。

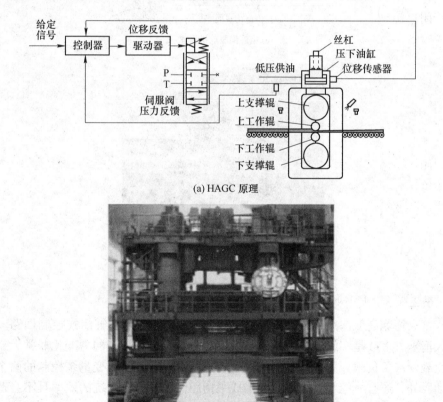

(a) HAGC 原理

(b) 中板热轧生产线实物照片

图 6.19　液压自动厚度控制（HAGC）系统

6.2.3.2　电液伺服舵机

电液伺服舵机是控制飞行器姿态和舰船航向的主要部件，是一个典型的电液伺服阀控缸系统。在飞行器飞行过程中，舵面受到各种不确定性负载干扰，为了提高电液舵机的性能和可靠性，一方面，在系统设计上采用动压反馈式电液伺服阀以减少系统振荡，或采用多余度技术提高系统可靠性；另一方面，在控制算法上，采用一些具有负载鲁棒性的算法。图 6.20 为某型电液伺服舵机原理和照片，它将泵站、伺服阀、作动器、传感器等全部集成在一起。

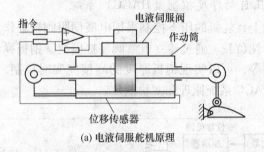

(a) 电液伺服舵机原理

(b) 电液伺服舵机实物照片

图 6.20　电液伺服舵机原理及实物照片

6.2.3.3　火箭炮高低向泵控缸伺服系统

某火箭炮高低向采用了如图 6.21 所示的电液伺服泵控缸闭式控制回路。由于火箭炮大多数是多管，在满载、半载、空载时，油缸承受的力变化非常大，从正负载变成负负载，为此，高低机采用了三腔缸，除了伺服变量泵控制的两个液压油腔外，还有一腔与蓄能器相连构成平衡腔。为了提高系统的效率且不会造成油温过高，采用了电液伺服变量泵实现了对三腔缸的位置闭环控制。

6.2.3.4　加工机床

在制造行业中，有多种加工机床因为需要较大驱动力而采用电液伺服控制系统。图 6.22 所示为液压驱动的挤压成型设备和液压驱动的注塑机。

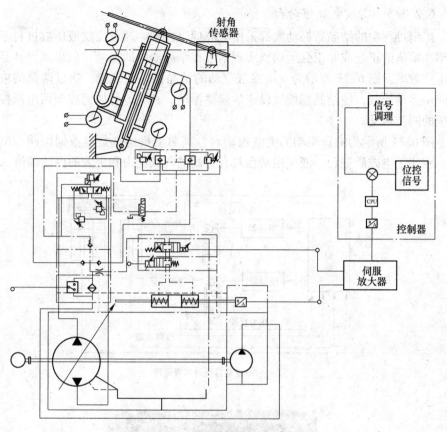

图 6.21 伺服泵控三腔缸原理

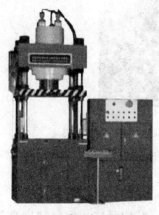

(a) 成型挤压设备

(b) 液压注塑机

图 6.22 成型加工机床

6.2.3.5 高频电液振动台

炼钢过程中的结晶器振动大都采用电液伺服控制。通过控制液压缸进行不同频率和幅值的正弦或非正弦运动，实现钢水在结晶器内的振动，以提高钢坯品质和生产效率。图 6.23 所示为一组双缸驱动的结晶器振动装置，通过两侧的液压缸同步运动控制，使结晶器按照设定的规律振动，其关键是如何控制两组阀控缸系统的同步运动。

图 6.24 所示为液压驱动的电液振动台，其驱动机构也是电液伺服阀控缸系统。相比于电磁激振台，液压振动台具有更高的负载能力和更大的振动幅值。

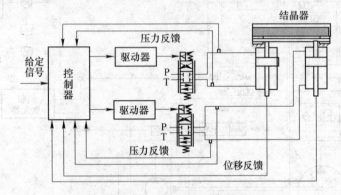

(a) 结晶器振动装置原理

(b) 结晶器振动装置实物照片

图 6.23 双缸驱动的结晶器振动装置

6.2.3.6 电液运动模拟器

并联式多自由度运动模拟器具有承载能力大、结构紧凑、控制精度高等优点，被广泛应用于运动模拟、动感仿真、模拟驾驶等方面。在重载运动模拟器中，其驱动机构往往采用电液伺服阀控缸系统，如图 6.25 所示。

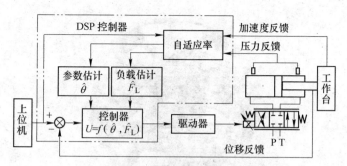

(a) 电液振动台原理

(b) 电液振动台实物照片

图 6.24 电液振动台

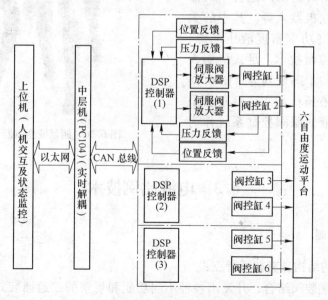

(a) 六自由度运动模拟器控制原理

(b) 六自由度运动模拟器实物照片

图 6.25　六自由度运动模拟器

6.2.3.7　液压机器人

　　未来战争的一个趋势是无人化。因此无人机、无人战车得到了重点研究。近年来，自主式液压足式机器人得到了广泛关注。采用液压作为驱动方式，可以保证足式机器人具有足够的负载能力。美国波士顿动力公司在这方面处于明显的领先地位，已成功研制出四足仿生机器人、双足直立机器人等。其中的关键技术包括高功率密度液压能源、电液阀控缸控制技术、足式机器人平稳性控制和步态规划等。图 6.26 所示为四足液压机器人，每条腿采用了 4 个电液伺服阀控缸系统作为关节机构。

图 6.26　四足液压机器人

6.3　电液比例技术

6.3.1　比例阀

　　比例阀的结构具有如下特点：

　　(1) 与插装阀结合，开发出各种不同功能和规格的二通插装式比例阀，插孔符合 ISO 和国标。二通插装型开关和比例控制元件，具有结构上的兼容特性。

（2）生产批量较大的比例压力阀、比例方向阀，常与开关阀通用主阀阀体（有的甚至通用先导阀体），有利于生产管理和标准化设计，也给原有液压系统的技术改造带来方便。

（3）应用新近开发的双向极化式耐高压比例电磁铁，发展了三通（P、A、O 三个主通油口）插装式比例阀，其插孔正在形成标准。

（4）力反馈比例元件可以配用多种控制输入方式，不同的输入单元，具有统一的联接尺寸。

（5）比例泵的恒压、恒流、压力流量复合等多种功能控制块，多采用组合叠加方式，便于在其泵上进行控制功能的增减组合。

（6）已经出现控制放大器、电磁铁和比例阀，以及测量放大器、电磁铁和比例阀组合成一体，即电液一体化结构。更进一步，比例阀与动力油源、与执行机构组合，形成机电液一体化结构。这是当代机械工业及工程控制系统发展的重要特征。

在电液比例控制系统或内含反馈的电液比例控制元件中，流量、压力、位移、转角等常通过传感器件予以检测，经放大处理后成为反馈信号，构成系统或元件内部的闭环。从物理量检测到构成反馈信号，即为检测反馈系统，如图 6.27 所示。

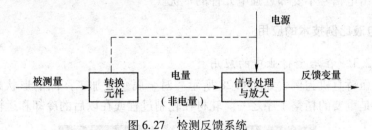

图 6.27　检测反馈系统

检测反馈系统主要由两部分组成：

（1）传感器或检测转换器件：用来对实际值进行检测，并将被测量转换成电量或其他非电量；

（2）信号处理与放大单元：用来对转换后的电量或非电量进行处理和放大，使之成为可以与系统的控制输入量进行比较的物理量，以构成闭环系统或元件内部的局部闭环。

常用传感器件有：

（1）位移传感器件：将位移信号转化成电信号，如长度电位器，电感式位移传感器，液压缸用位移传感器，光栅等。

（2）转角传感器件：如环形电位器，旋转变压器，光电编码盘等。

（3）速度传感器件：如测速发电机。

（4）压力传感器件：如电阻应变式压力传感器，压电式压力传感器。

（5）流量传感器件：如涡轮流量变送器，动态流量传感器，双向流量计等。

为改善和提高比例阀的静、动态特性，在阀内部也常采用多种检测反馈方式。除电反馈形式外，其余均是通过阀内位移、流量、压力间的转换构成阀内部的检测反馈。

电反馈比例阀的工作原理：将阀内阀芯的位移，阀控制的流量、压力等物理量，通过各自相应的传感器检测转化成电信号，反馈至比例控制放大器，构成闭环控制。

检测反馈系统的选择原则：

（1）控制精度不可能比检测反馈系统能达到的精度高。因此，选择检测反馈系统的精度至少应为希望控制精度的五倍。

（2）检测反馈系统的灵敏度（或传递函数）和零点，在任何工况下应保持不变。

（3）检测反馈系统的输出，要能无延迟跟随被测值的变化。

（4）检测反馈系统的传感器件与运动部件（或传动装置）间须刚性连接，不应存在间隙。

（5）检测反馈系统的布置，应能直接测到控制量，而不受其他物理效应的影响；输出电信号不受邻近强电元件的干扰。

6.3.2 电液比例技术的应用

6.3.2.1 在冶金行业中的应用

以液压矫直机为例，如图 6.28 所示。对金属塑性加工产品的形状缺陷进行的矫正，是重要的精整工序之一。轧材在轧制过程或在以后的冷却和运输过程中

图 6.28 矫直机外观图

经常会产生种种形状缺陷，诸如棒材、型材和管材的弯曲，板带材的弯曲、波浪、瓢曲等。通过各种矫直工序可使弯曲等缺陷在外力作用下得以消除，使产品达到合格的状态。

在实际生产中，机械压下和液压压下的矫直机都主要通过自动控制系统来控制板材矫直的整个过程，其中可编程控制器 PLC 和工控机作为控制部分的核心设备是必不可少的。液压矫直机的调整机构采用液压伺服系统，由四组既可以单独动作又可以协同调整的液压缸组成，布置在机架与上横梁之间，同时作为本机的过载保护系统，从而能够胜任多种板形的矫直工作。

6.3.2.2 在车辆工程中的应用

随着电子技术和自动控制技术的快速发展，车用变速器的技术也日臻完善，形式也更加多样化，在越来越多的车辆上得到应用。车用无级变速器 CVT 则避免了齿轮传动比不连续和零件数量过多的缺点，能够实现真正的无级变速，具有传动比连续、传递动力平稳、操纵方便，可使汽车行驶过程中经常处于良好的性能状态，节省燃油、改善汽车排放等特点。

金属带式无级变速器属于摩擦传动式无级变速器，它主要利用两个锥形带轮来改变传动比，从而实现无级变速。从图 6.29 可见，发动机输出的动力经输入轴传到主动轮上，主动轮锥盘通过与金属带的 V 形摩擦片的侧面接触产生的摩擦力向前推动摩擦片，这样就使后一个摩擦片推压前一个摩擦片，在两者之间产生推压力。该压力形成于接触弧的始端，至终端逐渐加大，这种推力经金属带的摩擦片作用在从动轮上，由摩擦片通过与从动轮锥盘的接触产生的摩擦力带动从动轮旋转，这样就将动力传到了从动轴上。

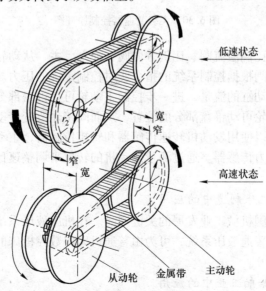

图 6.29 金属带 CVT 原理示意图

金属带的主动轮、从动轮皆由可动锥盘和不可动锥盘两部分构成,它们的中心距是固定的。工作中,当主、从动轮的可动锥盘作轴向移动时,改变了金属传动带的工作半径,从而改变了传动比。可动锥盘的轴向移动量是根据发动机使用要求的变速比,通过液压控制系统分别调整主、从动轮上作用油缸的压力来调节的。由于工作节圆半径可连续调节,所以可实现无级变速。系统采用的电液比例控制系统如图6.30所示,速比控制和夹紧力采用同一压力源,由发动机带动液压泵运行。

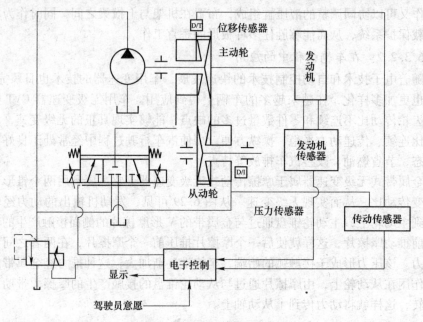

图 6.30 无级变速器控制原理图

本系统主要由比例溢流阀、比例方向阀、油泵、主、从动轮油缸和电子控制块组成,比例溢流阀根据控制系统的指令实时控制系统的压力。液压油通过比例方向阀控制进入主动缸的流量,进一步控制主动轮可动锥盘部分前进的位移,通过金属带改变从动轮可动锥盘部分的位置,从而间接地改变传动比。作为电子控制的输入信号,可以使用发动机转速传感器和转矩传感器,主动带轮的位移传感器,被动带轮的压力传感器。通过测量发动机的转速来调整速比,从而控制发动机转速满足要求。

6.3.2.3 在机床制造中的应用

数控机床是我国机械工业发展的关键产品。在机床液压系统中,采用先进的比例控制技术代替普通液压系统,可为由普通机床向数控机床的方向迈进提供有力的支撑(图6.31)。

6.3.2.4 在船舶工业中的应用

在某型号收放式减摇鳍的随动系统中,用电液比例阀取代传统的电液伺服

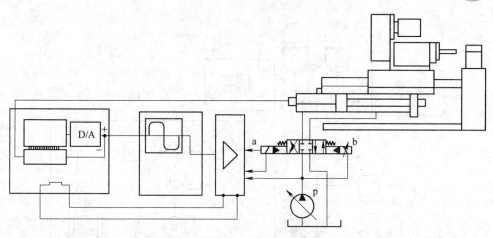

图 6.31 进刀位置控制系统

阀，设计了减摇鳍电液比例控制系统。图 6.32 为采用电液比例阀的减摇鳍液压随动系统控制原理，图 6.33 为减摇鳍液压随动系统基本原理图。

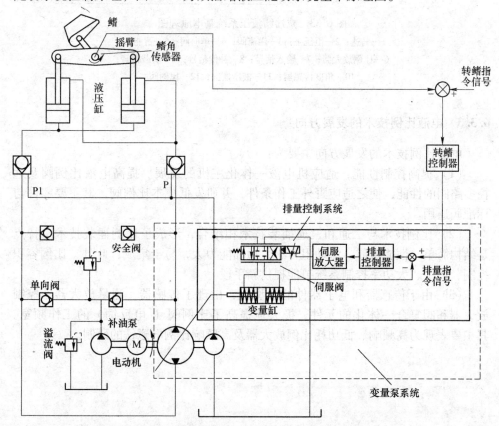

图 6.32 采用电液比例阀的减摇鳍液压随动系统控制原理图

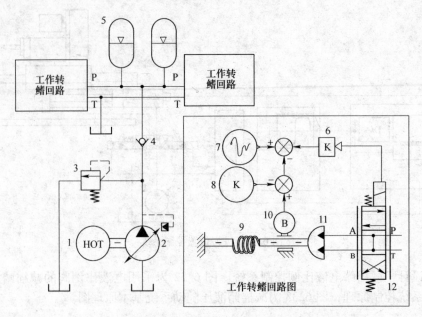

图6.33　减摇鳍液压系统基本原理图

1—马达；2—恒压泵；3—溢流阀；4—单向阀；5—蓄能器；

6—比例放大器；7—输入信号；8—补偿信号；9—负载扭簧；

10—角度传感器；11—液压摆缸；12—比例阀

6.3.3　电液比例技术的发展方向

电液比例技术的发展方向主要为：

（1）提高控制性能，适应机电液一体化主机的发展。提高电液比例阀及远控多路阀的性能，使之适应野外工作条件，并研发低成本比例阀，其主要零件与标准阀通用。

（2）比例技术与二通和三通插装技术相结合，形成了比例插装技术。特点是结构简单，性能可靠，流动阻力小，通油能力大，易于集成；此外，比例容积控制，为中、大功率控制系统节能提供新手段。

（3）由于传感器和电子器件的小型化，出现了传感器、测量放大器、控制放大器和阀复合一体化的元件，极大地提高了比例阀（电反馈）的工作频宽。其主要表现为高频响、低功耗比例放大器及高频响比例电磁铁的研制。

液压系统的新材料、新工艺

7.1 简　介

新型材料的使用，如工程陶瓷、工程塑料、聚合物或涂敷料，可使液压元件质量提高、成本降低，促进液压技术新的发展。采用莱油基、合成脂基或者纯水等降解迅速的工作介质替代矿物液压油，已受到美国、日本、欧盟等世界各国的高度重视。铸造工艺的发展，对优化液压元件内部流动，减少压力损失和降低噪声，实现元件小型化、模块化，都有良好的促进作用。

新材料如陶瓷技术的使用，是与满足非矿物油介质元件的要求及提高摩擦副的寿命联系在一起的。目前，已有德、英、芬兰等国的厂商在纯水液压件上使用了该项技术。新型磁性材料的运用是与电磁阀、比例阀的性能提高结合在一起的。由于磁通密度的提高，可以使阀的推力更大，其直接作用便是使阀的控制流量更大，响应更快，工作更可靠。

7.2 密封技术

自从液压技术诞生以来，泄漏一直是困扰着业界人士的一大难题。伴随着泄漏的是矿物油的浪费及对环境的污染、系统传动效率的降低，等等。在静密封领域，橡胶类密封件拥有不可替代的地位。当然，根据应用场合如温度的不同，又有丁腈橡胶及氟橡胶之分。在动密封领域，聚四氟乙烯（PTFE）已拥有不可动摇的地位。

7.2.1 密封新材料

近年来，密封技术的进步也主要集中在 PTFE 的使用方面。随着对材料及密封机理的深入了解，已可以在 PTFE 中有针对性地添加某些材料，以达到提高性能的要求。国外许多大的密封件公司如宝色霞板、Tetranuro 等，均有针对不同应用场合的材料配方，以强化某一方面的性能。目前，尽可能地，提高动密封对偶件的表面光洁度，也已成为提高密封效果的一种共识。这种共识也是基于对 PTFE 材料的密封机理的认识而达成的。

纯聚四氟乙烯耐热性差，蠕变大，会发生"冷流现象"。在聚四氟乙烯中加入不同的填充材料制成填充聚四氟乙烯，能有效地改善其性能。常用填充材料有玻璃纤维、碳纤维、青铜粉、石墨、二硫化钼以及一些聚合物填充剂。改性聚四氟乙烯材料可在-196~260℃范围内使用。

（1）玻璃纤维。聚四氟乙烯改性用玻璃纤维直径为 10~13μm，平均长度为 80μm。加入玻璃纤维后，材料耐磨性能大大提高。但随着玻璃纤维含量的提高，其拉伸强度、伸长率及韧性会逐渐下降，摩擦系数逐渐增大[3]。

（2）碳纤维。碳纤维可改进聚四氟乙烯的力学性能，并使其具有良好的耐热性和耐摩擦性。碳纤维填充的聚四氟乙烯线膨胀系数小，导热率高，其抗压强度、耐蠕变性以及在水中的耐磨耗性均有大幅度提高。

（3）青铜粉。青铜粉可单独填充聚四氟乙烯，也可与碳纤维、玻璃纤维以及氧化铅等混合使用。填充前，青铜粉需进行表面氧化处理，以减少热分解和着火的危险。青铜粉的加入提高了其耐压性，增加了散热性，特别适用于发生摩擦热的场合。

（4）石墨。石墨可分为极性石墨、核石墨和油石墨三种。在聚四氟乙烯中填充前两种较为有效，其用量一般为 15%~30%。石墨的加入改进了聚四氟乙烯的尺寸稳定性、耐药品性以及耐压缩蠕变和导热性。

（5）二硫化钼。二硫化钼的填充量较少，一般与其他填料一起使用，其含量一般为 5%。二硫化钼的加入可提高填充聚四氟乙烯的刚性、硬度，降低摩擦系数和磨耗量，改进耐蠕变性和电绝缘性；大量加入二硫化钼，能提高聚四氟乙烯的导热性。

（6）聚合物填充剂。目前采用的聚合物主要有聚酰亚胺、聚苯酯和聚苯硫醚等。聚酰亚胺填充聚四氟乙烯，可降低摩擦系数，改进耐磨性，而且不易损伤对磨材料。聚苯酯填充聚四氟乙烯，可以使其具有优良的自润滑性、电绝缘性和耐药品性，能大大改进聚四氟乙烯的压缩强度、弯曲强度和耐磨耗性。聚苯硫醚填充后，可使材料具有优良的耐蠕变性和尺寸稳定性。聚苯硫醚还可提高玻璃纤维、碳纤维等无机填料填充聚四氟乙烯的黏附性，并提高其机械性能、硬度和耐磨耗性。聚苯硫醚的用量一般为 20%~40%。利用 8%~10%的玻璃纤维、3%~5%的二硫化钼填充聚四氟乙烯，可耐高、低温，具有优异的自润滑性、低透气性、良好的化学稳定性和力学性能，可制成 O、Y、U 型等各种形式的密封件，其使用压力可达 30~40MPa。

7.2.2 密封新结构

密封领域的另一个创新领域主要集中在密封件结构的设计上。目前，已可用有限元分析等方法对密封件的压力梯度作出分析，从而可事先知晓其密封性能。此外，O 形密封圈及簧片作为弹性体，在保证 PTFE 密封件低压时的密封性能方面已得到广泛认同。在直线密封及旋转密封技术方面，使用成套的密封件来提高密封性能已成为一种标准的解决方案。

（1）新型油封。该油封由 Simrit 公司独家推出，配备有测试密封（旋转密封）泄漏量的传感器，可用于设备泄漏的在线状态检测。

（2）EVD 智能密封。该密封由 Hunger 公司独家推出。液压缸密封件磨损和变形后，通过一个专用装置，调节密封件（弹性体）的内部压力，自动调整密封件的压缩量，恢复密封功能。该结构可用于可靠性要求非常高的装备（如伺服液压缸、水力液压缸），已经在大型水电站液压系统、海洋钻井平台等密封件拆装十分复杂的场合得到应用。

（3）SETCO AirShieldTM 密封。采用新型 SETCO AirShieldTM 密封的主轴集成了摩擦密封与迷宫式密封的优点。压缩空气切向送入固定前轴承座的循环槽，与主轴一起构成一个封闭的迷宫。当空气在槽内环绕主轴流动时，类似于涡流的运动会产生均匀的压力，散发流量均匀的气流。其与柔性密封唇结合，外泄气流会将污物从主轴，主要是轴承处吹走。

（4）聚四氟乙烯密封件结构创新。PTFE 密封件衍生出许多新结构，应用于往复密封、旋转密封和静密封，如 AQ 封、PTFE-V 形圈、泛塞封等。

（5）流体动力效应结构。密封件的摩擦界面上开设流体动力螺旋槽，油膜将受到槽的泵汲作用，避免了泄漏。动力槽不仅已经应用于油封，而且在往复密封件上也有应用。如 NOK-Freudenberg 公司的新型低摩擦聚氨酯 Y 形圈 LF300 内密封唇下部设计为波浪形摩擦界面，根部采用楔形倒角（见图 7.1），抗缝隙挤出能力强，具有储油能力强、摩擦力小、运转平稳和密封能力强等特点，压力达到 10MPa 时的摩擦力较同类 Y 形圈要小得多。

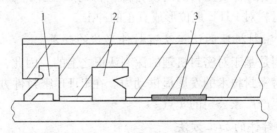

图 7.1　NOK-Freudenberg 公司的新型 LF300 密封

1—活塞杆刮垢器；2—杆密封；3—支撑环

（6）计算机模拟仿真设计新结构。通过采用有限元分析（FEA）和 ANSYS 等商业软件，模拟应用条件下密封件的接触应力状态，通过结构参数调整消除边缘应力集中或应力峰，使整体应力分布均匀，摩擦界面上的润滑油膜更易形成且不易挤出，因此摩擦力降低，耐磨性能提高，使用寿命延长。此外，计算机模拟仿真设计还可节省大量试验经费和人力、物力，大大缩短产品开发周期，提高可靠性。

7.2.3　密封制造新工艺

目前，密封件生产装备和检测技术正朝着自动化、低成本和高可靠性的方向发展。

（1）高效混炼设备。全自动控制的密炼机系统结合转子改型，实现了节能高效，减少了对环境的污染，同时制造出了高品质的混炼胶料。

（2）高效、先进、高品质的橡胶注射成型加工技术。Parker 公司生产 O 形圈，采用注射机做出飞边很小的产品，配合液氮冷冻修边、塑料粒修边及水石洗这三道工序，对产品外观的加工达到了相当高的水平。

（3）先进的光学检测系统。Freudenberg 等公司采用 KMK 公司开发的第三代新型光学检测系统，完全取代了人工检测，成功地将密封件的质量检测完全集成到生产过程中。这种图像处理系统达到了极高的检测速度和检测精度，可检测密封件表面最微小的缺陷，如裂缝、气泡、杂质和滑移线等。

（4）国内密封件企业也引进了以测量油封唇口张力为主要依据的油封检测装置，以检测气压变化来测量油封唇口密封性能的气敏检测仪，具有较高的检测速率，每小时可检测 1200～1800 个油封。

7.2.4　密封技术的发展方向

可以预见的是，在密封技术方面，今后的发展主要在以下三个方面。

7.2.4.1　新材料的应用

对 PTFE 的运用及新填充料的研发方面，将构成业界持续的竞争。短期内，尚无新的高分子材料对 PTFE 地位形成真正的冲击。

7.2.4.2　对密封机理的认识及密封件形状的改革

密封件的研制是基于对密封机理的深刻认识之上的。因此，密封机理作为基础性研究，仍将对密封技术的发展提供动力。在 PTFE 密封件方面，密封件的形状革新将成为各生产厂家公司的卖点。

7.2.4.3　密封件的加工方法

目前，PTFE 密封件主要还是利用机器加工的方法生产，固然有其灵活的一面，但如何高效地加工，依然是需要面对的问题。

7.3　工　程　陶　瓷

新材料、新技术、新工艺的发展与应用，特别是新工艺如工程陶瓷、工程塑料、聚合物等复合材料的应用，不仅提高了产品质量，而且降低了生产成本，增强了产品的竞争力。比如：铸造工艺的发展，在阀体和集成块中实现了铸造流道，这不仅减少了液体流动的压力损失、降低噪声，还可实现元件小型化。工程陶瓷具有优异的耐磨性、抗腐蚀性、低摩擦系数等优点，在液压元件中用工程陶瓷代替部分金属材料，将会大大改善液压元件的性能。

近几十年来，工程陶瓷材料在各个领域的应用已取得一定的发展（表7.1）。由于陶瓷材料具有高弹性模量、高硬度、耐高温、耐腐蚀以及耐磨损等优点，已广泛应用于各工业领域。随着新技术的兴起和发展，原料粒度不断细化，增韧补强措施层出不穷，以及制备工艺的不断进步，工程陶瓷材料的性能日益完善和提高。这使其成为一种新型的机械工程材料而愈益引起重视。目前，工程陶瓷材料已用于电子、宇航、汽车、切削工具、冶金、化工等各部门，并不断向新的领域发展。

表 7.1   工程陶瓷的功能和用途

功能	材料	应 用
高强度性	PSZ，Si_3N_4，SiC 等	塑料，金属或陶瓷的增强材料，钓鱼竿等娱乐设备
耐热性 高温强度	Si_3N_4，SiC，$TiBe$、 Al_2O_3，ZrO_2，AlN	燃气涡轮发动机零件，柴油机零件，航空航天用零件，加热炉传热管、热交换器等
硬质、耐磨性	Al_2O_3，ZrO_2，B_4C，SiC	切削刀具、夹具、模具、轴承磨削材料、各种研磨材料等
尺寸稳定性 （低温膨胀性）	Al_2O_3，ZrO_2，TiB_2，莫来石	精密机械零件，高温炉内材料（支撑台等），汽车尾气催化剂，各种炉内构件
润滑性	石墨，氟化碳，MoS_2、 六方晶氮化硼	固体润滑剂，高温脱膜剂
耐腐蚀性	Al_2O_3，ZrO_2，BN、 TiN，B_4C，SiC	冶金、化工用管道、喷嘴；阀门、泵、容器、表面涂层材料等
其他特性	光学玻璃、铁氧体磁性材料、 压电陶瓷材料等	光学系统元件，超声和水声元件，磁性器件以及电信件，绝缘子，集成电路基片等

7.3.1   各种工程陶瓷材料的性能对比

（1）由工程陶瓷与金属相比可以看出，工程陶瓷的密度普遍要比金属材料低，陶瓷材料的重量仅为同等钢材重量的40%。在零件体积相同的情况下，使用工程陶瓷材料能大大降低传动系统的重量，使传动系统轻量化。

（2）工程陶瓷的硬度比金属材料高得多，从另外一角度考虑，当软硬环配合时，根据黏着磨损理论，磨损量是与材料的硬度成反比的。因此，工程陶瓷材料的磨损也低于金属材料。

（3）工程陶瓷的弹性模量要比大部分金属高得多，为大部分金属的1.5倍以上。弹性模量越大，在零件受到载荷作用时，其变形就越小，相对的载荷刚度就越大。因此，在高速高压的工况下，其工作就越平稳，密封效果更稳定。

（4）由于机械密封是通过弹簧力来压紧软硬环端面，以达到密封效果的，因此，在机械密封中，材料必定受到一定的压力，且压力越大，软硬环端面接触越紧密。所以，应用在机械密封装置上的材料应该具有一定的抗压强度。从表7.2可以看出，陶瓷的抗压强度要比金属高。在抗压强度方面，工程陶瓷占有一定的优势。

（5）由于工作时软硬环承受一定程度的压应力，从摩擦学理论得知，载荷越大，摩擦力越大，就越容易产生磨损。因此，机械密封的端面材料应该具有良好的自润滑性能，降低动摩擦系数。而某些工程陶瓷则具有良好的自润滑性能，在干摩擦的工况下，也具有较低的摩擦系数。工程陶瓷在工作的过程中，发生磨损的概率较低。

（6）由表7.2得知，陶瓷的热性能比金属材料要好，熔点大多在2000℃以上，有很强的抗氧化性，因此高温工作时的可靠性要比金属材料强。而金属在高温载荷下长期作用，会产生蠕变，而蠕变现象一般在温度高于0.3倍材料熔点时，就很明显。由此可见，在高速高压下，金属在高温工作的稳定性上表现较差。

在高速高压的特殊工况下，工程陶瓷材料的各方面性能明显优于金属材料。从表7.2可知，工程陶瓷的断裂韧性比金属材料要低得多。由于机械密封在工作过程只起到密封的作用，其所受的外力并不是其主要载荷，因此工程陶瓷材料适合应用到旋转密封装置上。

表7.2 常用工程陶瓷材料与金属材料的性能对比

材料名称	密度/g·cm⁻³	维氏硬度	弹性模量/GPa	抗压强度/MPa	断裂韧性	最高使用温度/℃
铝合金	2.7	0.081~0.089	75	190~280	30~50	570
纯钛	4.3	0.2	114	—	—	<1670
M50高速钢	7.8	0.8	210	—	16~20	400~6000
碳化硅	3.1	20~24	400~440	2000~2500	2~5	1400
氧化铝	3.85	18~20	360~440	2000~2700	4~5	1250
氮化硅	3.25	14~18	280~320	>3500	5~9	1050
氧化锆	4.6~4.7	10~13	180~230	2000	8~15	750

7.3.2 工程陶瓷材料在高速高压旋转密封中的应用

目前应用的工程陶瓷材料主要有：氧化铝、氧化锆、氮化硅、碳化硅、氮化钛、碳化钛、赛隆、碳化硼、氧化锆、增韧氧化铝等增韧陶瓷。

因此，在众多工程陶瓷中，要选择出适合应用于高速高压旋转密封上的材料，应从力学和热学性能角度对几类常用的工程陶瓷进行比较。因端面上承受了较高的压应力，摩擦力也相应增大。从做功的观点来看，由于不存在绝对光滑的表面，在高速旋转下，摩擦力做功也不能避免，因此摩擦力所做的功将转化为热能；从能量转化的观点来看，由于在高速的工况下，机械密封的介质会产生一定量的动能，由于液体分子间的相互作用，动能会转化为液体介质的内能，从而转化为热能。因此，考虑旋转密封材料的选用，主要从材料的力学性能与热力学性能作为切入点。

工程陶瓷材料有着优秀的热学和力学性能。工程陶瓷可分为碳化物、氮化物及氧化物。

7.3.2.1 碳化物

以碳化物陶瓷中的碳化硅为例，它是一种高硬度、高刚度材料，其弹性模量达到440GPa，抗压强度达到2000MPa以上，而抗弯强度也可达到520MPa。因此，碳化硅完全可以承受高速高压旋转密封工作中所产生的高压。图7.2所示为碳化硅在密封中的应用。

图7.2　碳化硅在密封中的应用

在高速的工作状态下，因线速度高，摩擦副的发热磨损和振动将是工作过程中所要面对的重要问题，因此，要求作为旋转密封的材料应该具有高强度和低密度，这样旋转环在高速运行时产生的离心力小，引起的振动与偏摆也小，从而保持密封端面的稳定贴合；而碳化硅的密度要比金属材料小得多，且具有很高的弹性模量，保证了碳化硅密封端面在高速高压的工况下不易产生变形，保持端面稳定贴合。在氧化硅与碳化硅配对进行磨损试验时，无定形氧化硅在600℃时开始形成，在800~900℃时完整连续地覆盖在碳化硅上。由于氧化硅比碳化硅软，可以很好地起到固体润滑剂的作用。由此可以看出，碳化硅拥有良好的抗黏着磨损能力。也因为如此，在高速高压的工作状态下，碳化硅完全能够满足工作要求。

　　可以看出，碳化硅密度低、耐腐蚀性能和热力性能好、摩擦系数低，在高速高压旋转密封材料中具有明显的优势。碳化硅材料的突出性能是硬度高，因此被广泛地应用到机械密封硬环。

7.3.2.2　氧化物

　　氧化物陶瓷中应用广泛的是氧化铝和氧化锆。氧化铝陶瓷材料是目前使用最广、生产数量最大的工程陶瓷材料，具有不同的晶型。氧化铝的磨损机理是黏着和脆性微断裂。研究较多的是用它作为切削工具。

　　氧化锆是制造耐高温材料的主要原料。氧化锆具有多种相态，以不同的相态存在时，具有不同的性能。目前应用最多的氧化锆陶瓷是四方氧化锆多晶体、部分稳定氧化锆、以 IZP 或 PSZ 为基体的增韧陶瓷和以氧化锆为分散相的复相陶瓷。由于具有高硬度、高刚性、高强度和较好的断裂韧性，氧化锆陶瓷被认为是工程陶瓷材料中最具发展潜力的材料之一。

7.3.2.3　氮化物

　　氮化硅的化学稳定性能、热力学性能都比较好，机械强度高，抗热震性、抗蠕变性好。氮化硅的膨胀系数在陶瓷材料中除石英外，几乎是最低的，约为氧化铝的 1/3。它的导热系数大，具有较高的室温弯曲强度，断裂韧性值处于陶瓷材料的中上水平。氮化硅的硬度高，仅次于金刚石、立方氮化硼等少数几种超硬材料，能够减少磨损。氮化硅有良好的自润滑性，利用其耐磨性和自润滑性，氮化硅陶瓷可用于制作切削工具、高温轴承、拔丝模具、喷砂嘴等。特别是氮化硅陶瓷刀具在现代超硬精密加工，氮化硅陶瓷轴承在先进的高精度数控机床及超高速发动机中，已获得广泛应用。因此，氮化硅也是很好的密封候选材料之一。

　　在高速高压的工况下，材料不但需要良好的力学性能及热力学性能，而且还得具有稳定的化学性能，防止在工作过程中产生化学反应，破坏密封效果。从上面几大类工程陶瓷材料的对比中可以得出，因为氧化物里面所含的氧原子和碳化物所含的碳原子在化学反应中属于比较活跃的原子，在高速高压下，存在与其他原子发生化学反应的可能，所以选择氮化物作为旋转密封端面的材料。因为氮原子具有很好的化学稳定而且这三类陶瓷在物理性能方面都相差不大，因此，氮化物可能更适合高速高压的工况。

　　工程陶瓷材料在高速高压旋转密封上的应用具有很好的前景。工程陶瓷材料的高强度、高硬度、耐磨性、耐蚀性以及自润滑性能，都提高了密封整体性能，有利于节省空间，使传动的布局更加紧凑，提高密封系统的寿命。

7.3.3　工程陶瓷在水压元件中的应用

　　以水作为传动介质，给水压元件的材料选择提出了苛刻的条件。水的腐蚀性和贫乏的润滑性，使一般金属材料难以胜任。水压泵和水压马达是水压传动系统的核心元件，其中存在多对相对运动的摩擦副，包括配流副、柱塞副、滑靴副和球铰副，它们能否正常工作，是泵和马达研制成败的关键。图 7.3 所示为陶瓷摩擦副。这些摩擦副在腐蚀性介质中，接触面上存在很大的接触比压和相对滑动速度，摩擦磨损是其主要的失效方式，水的低润滑性使得这一问题愈加突出。与石油基液压油相比，水的密度大，同样条件下流速高，而水的汽化压力比油高得多，因而不仅元件过流表面的气蚀现象更明显，而且存在拉丝侵蚀。当海水过滤精度受到限制时，三体磨损和冲蚀也将在所难免。

图 7.3　陶瓷摩擦副

工程陶瓷按化学组成的不同分为氧化物陶瓷、氮化物陶瓷、碳化物陶瓷、硼化物陶瓷和金属陶瓷，之所以在水压元件的研制中备受瞩目，是因为陶瓷具有比一般金属高得多的强度和硬度，摩擦磨损性能好，抗磨粒磨损和胶合磨损的能力突出，高温化学稳定性好。在水环境下，根据不同压力、相对滑动速度和不同的配对材料，不同的陶瓷呈现出各自不同的摩擦学特性。在具体选用某一类陶瓷时，务必首先对其摩擦性态有清楚的认识。

工程陶瓷由于其优良的减摩耐磨特性已经在一些实际水压元件中得到应用。英国国家工程实验室研制的水下作业系统使用的海水液压马达、柱塞副和配流副，采用工程塑料和陶瓷组合，在陶瓷表面加工精度和粗糙度较高的前提下，摩擦损失很小。日本 Ebara 公司与 Kanagawa 大学合作研制的水压伺服阀 ESV10、ESV 80，主体用不锈钢，阀芯与阀套使用了陶瓷；小松轴向柱塞泵滑动轴承采用四氮化三硅与增强塑料；三菱重工海水轴向柱塞泵滑动轴承则为 WC 熔射轴表面与树脂轴瓦，缸体和柱塞为整体陶瓷；DSRV 海水泵缸体孔内衬陶瓷，柱塞为不锈钢等离子喷涂；川崎重工海水柱塞泵的柱塞是不锈钢表面熔注陶瓷。日本 Kayaba 公司和法国 Bronzavia 航空设备公司联合研制的斜轴式水压泵，压力 14MPa，转速 1500r/min，使用树脂和陶瓷滑动轴承，斜盘副和柱塞副均采用了工程陶瓷和碳纤维增强塑料的组合结构；德国汉堡工业大学试制的轴向柱塞泵中，滑靴缸体和斜盘全部使用了陶瓷。

从已有的使用情况看，陶瓷多与不锈钢或工程塑料组成摩擦副，较少单独使用，且使用陶瓷的元件尺寸较小。

7.3.4　陶瓷涂层技术及在水压元件中的应用

应用表面涂层技术在金属基体上涂覆薄层工程陶瓷，可以充分发挥金属的高韧性和陶瓷的优良耐磨性。陶瓷涂层应用于水压元件时，需要解决以下几个问题：

(1) 结合强度；

(2) 机体材料与涂层材料的适配性；

(3) 致密性；

(4) 基体的热变形；

(5) 涂层内各种组织缺陷的控制。

材料科学和设计制造技术的进步，是水压传动赖以发展的基础。工程陶瓷优良的摩擦磨损性能，使其在水压传动的发展中颇具潜力，尤其适于替代耐蚀合金制作水压柱塞泵/马达中的摩擦元件。对于温度受到限制的海洋环境中的水压柱塞泵/马达，由整体陶瓷元件组成的摩擦副是最佳选择。

7.4　工　程　塑　料

工程塑料是一种高分子或超高分子有机材料，它以质轻、无毒、无味、压注性好、易于成型、少切削或无需切削加工等特点，被广泛地用于各行各业。

7.4.1　工程塑料在水压元件中的应用

以天然海水或淡水（不加任何添加剂）为液压介质的水压传动技术，具有无污染、安全、清洁卫生、结构简单、效率高经济等突出优越性，在众多领域有着广泛的应用前景，已成为目前国际上液压技术的重要发展方向之一。然而，天然水具有黏度低、润滑性差、蒸汽压力高及腐蚀性等缺点，会引起严重腐蚀泄漏、摩擦磨损、气蚀和水击等问题。现有的油压元件不能直接或改进后用于水压传动，必须研制与水相适应的新型水压元件，正确选用材料[9]。

工程塑料是指可作为结构材料使用的各类高性能塑料及其复合材料。自1958年美国杜邦公司首次使用"工程塑料"一词以来，工程塑料已在化学工业、宇航技术、核能工业、食品工业、制药业、通用机械工程等领域广泛应用。特别是近年来，通过改性或增强获得的高性能塑料基复合材料，如目前最具代表性且性能优异的碳纤维增强塑料（CFRP），除了具有可与金属媲美的物理性能以外，还具有一系列金属材料所不具备的优异特性：

（1）抗氧化、耐腐蚀性能高，化学稳定性好，能够抵御淡水和海水浸蚀；在水中的弯曲模量几乎不变。

（2）比强度、比模量高，疲劳强度高。CFRP 的疲劳极限是其抗拉强度的 70%~80%，而多数金属材料的疲劳极限只有其抗拉强度的 40%~50%。因而 CFRP 耐疲劳性能好，抗疲劳磨损性能好。

（3）具有优异的自润滑性能，减摩、抗磨性能好，即使在少润滑或无润滑的边界摩擦和干摩擦工况下，也能够获得满意的工作性能。因此，工程塑料在水润滑条件下，摩擦磨损性能优良，并具有优异的抗腐蚀磨损性能。

（4）能够嵌藏异物，顺应性好，具有较好的抗黏着磨损性能。

（5）具有良好的抗冲击性能和减振作用。

（6）抗老化性能好，耐久力好。

（7）密度低，只有铜合金的 1/7，不仅可以减轻元件重量，而且在高速工作条件下运动惯性大大减小。

（8）成形、加工工艺性良好。

（9）无生物毒性，对环境无害。

7.4.2 工程塑料在水压元件中的应用实例

7.4.2.1 平板阀

平板阀具有密封性能好、响应速度快、流通能力大及抗污染能力强等优点，特别适宜于低黏度介质，已成为水压方向控制阀和阀配流式水压柱塞泵配流阀的主要结构形式。阀芯采用工程塑料，可大大减轻重量，提高其响应速度，同时具有缓冲作用，可避免阀芯因冲击、振动而产生噪声和工作不稳定。工程塑料是目前水压平板阀阀芯的最佳使用材料。

7.4.2.2 滑靴

滑靴是轴向柱塞式水压泵中的重要部件之一，既与斜盘组成高压、高速对偶副，又与柱塞球头组成高压、低速对偶副。即使是采用静压支承设计，金属材料也难以满足水润滑时滑靴的工作要求。图 7.4 所示的滑靴结构中，工程塑料主要作为滑靴的承力耐磨件，可承受较大的工作 pv 值，充分发挥了其自润滑、摩擦磨损性能好的特点；金属材料则主要起包球作用，利用了其良好的延展性。该结构加工工艺性良好，实际使用效果颇佳。

7.4.2.3 缸套

缸孔/柱塞副是水压柱塞泵中的关键摩擦副之一。由于水的低黏度，在同等规格、同等泄漏损失的条件下，水压柱塞泵缸孔/柱塞副的配合间隙只有油压柱塞泵的 1/5，这就意味着必须提高配合精度。这样，不仅要增加制造成本，而且

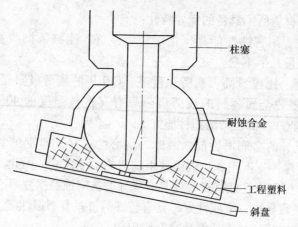

图 7.4 工程塑料滑靴结构

会因为压力、温度的作用及固体杂质侵入等引起缸孔变形而导致柱塞卡死等严重故障。工程塑料具有弹塑性自适应、自润滑性能，是优异的密封耐摩材料。用工程塑料作缸孔套与金属或陶瓷柱塞组成对偶副，可有效克服上述问题，获得满意的使用效果，在不影响机械效率的情况下，可使容积效率达到95%以上。采用图7.5所示结构，柱塞与缸孔的配合长度保持定值，不仅可防止材质较硬的柱塞端部对缸孔产生刮削，而且可控制配合间隙中的泄漏流量为定值。

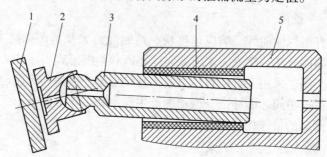

图 7.5 缸孔/柱塞副结构
1—斜盘；2—滑靴；3—柱塞；4—塑料缸套；5—缸体

7.4.2.4 径向滑动轴承

实践证明，普通球轴承及圆锥辊子轴承在水润滑条件下的寿命会大大降低，根本无法满足水压泵的使用需要。而纯陶瓷轴承目前仍处在发展阶段，没有实际应用。工程塑料滑动轴承在水润滑、中等速度及负荷条件下可以安全可靠地工作，而且抗冲击、减振，为水压泵提供了最为可行的轴承解决方案。目前，国内外95%以上的水压泵均采用静压或动压支承工程塑料滑动轴承。

除此之外，工程塑料在水压元件中还用于止推轴承、组合密封、阀套等零部件。

7.4.3　使用工程塑料应注意的问题

使用工程塑料应注意以下问题：

（1）工程塑料具有一定的吸水率，会引起零件尺寸不稳定，特别是设计配合间隙时应充分考虑此问题，以防发生抱轴、卡死等现象。

（2）工程塑料热变形温度较低，一般为200~300℃。要充分考虑冷却散热问题，其对偶材料以选取导热性能较好的金属材料为宜。

（3）目前，纤维增强的工程塑料多数具有各向异性，应正确设计零件受力方向使之与材料的强度取向一致，以充分利用材料的强度。

（4）正确采用动压、静压支承原理，尽可能降低摩擦副间的接触应力，提高承载能力。

（5）与陶瓷及金属材料相比，工程塑料质软，抗冲蚀磨损性能较差，因此应避免产生高速水流，加强系统污染控制，防止冲蚀磨损危害。

7.5　形状记忆合金

形状记忆合金是一种新型功能材料，具有普通金属材料所没有的形状记忆效应。随着近二十年来对这种特殊材料各方面研究的深入，其应用也在日渐扩大，受到国内外不少行业的重视和开发。

7.5.1　形状记忆合金的特点

形状记忆合金有以下特点：

（1）形状记忆合金在低温的马氏体状态时较软，并呈一定的可塑性；而在高温的奥氏体状态时，强度和弹性较大。利用这一特点，在低温时，可较容易地用外力使记忆合金得以一定的形变；而在高温情况下，该合金又自动恢复原先的形状。在受热而恢复形状这一过程中，当记忆合金的形状恢复受到阻挡时，它能产生很大的应力来予以反抗。

（2）形状恢复时的记忆合金，位移与温度的关系呈非线性。这与感温元件双金属片有着明显的本质区别。记忆合金的位移，虽然也是温度的函数，但它是一个突变的过程。当温度升至奥氏体开始转变温度时，恢复位移加剧；当温度达到奥氏体终止转变温度时，恢复位移就趋于平缓。因此，记忆合金的恢复位移只有在此温度范围内才很明显，而在其他温度范围，其恢复位移很小，通常可忽略。记忆合金在产生恢复位移时，其产生的恢复力和动作位移量程都要比双金属片大得多。

（3）形状记忆合金具有一定的超弹性特性。在某一特定温度下，记忆合金材料受到外加应力作用而产生变形，如果其变形量控制在其弹性范围内，则卸除外加应力后，记忆合金又自然回复到原先的形状。记忆合金弹性变形量的极限值比普通合金的弹性变形量极限值要大几倍到几十倍。

7.5.2　记忆合金在液压中的应用

7.5.2.1　用于管道连接

用形状记忆合金材料制造的管接头在美国等国家已得到较广泛的应用，其范围涉及飞机、潜艇的液压管道和海底管道等。这种可用于液压系统管道连接的管接头具有紧固力大、耐压强度高、密封性能可靠、结构简单、外观整齐等优点。对于焊接性能差的管道，以及受条件限制无法使用螺纹连接的管道，采用记忆合金管接头予以连接，有其独到之处。记忆合金制作的管接头已成为目前在液压系统中应用的典型。

7.5.2.2　用于密封

用形状记忆合金可制成密封垫圈，如图7.6所示。在低温下将直通管接头旋入油孔，内端面压紧密封垫圈。恢复常温后，该密封垫圈回复原胀开的形状记忆，因受阻挡而产生应力，紧紧抵住管接头和孔体的端表面，形成可靠密封。

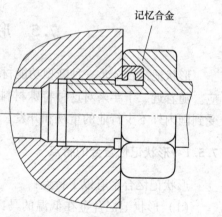

图7.6　记忆合金密封垫圈

7.5.2.3　用做温敏动作的执行元件

由于形状记忆合金在温度升高时，有一突变性的形状回复位移，因此可以用它作为某一温度点的温敏动作元件。记忆合金的温敏动作兼有温度传感和动作执行两种功能，且产生的动作力较大，因此有其一定的应用价值。

7.5.2.4　电控动作执行元件

利用通电使形状记忆合金发热，从而使该记忆合金产生回复变化的动作。这就使记忆合金元件由常见的温度控制变成电信号控制，进而使这种功能材料的应用能力又提高了一步。

在液压系统中，用记忆合金制成的电控元件可用做动作执行装置。它与阀芯结合起来，在某些场合下可起到电磁阀的功效，并具有结构简单、电气故障少等优点。值得一提的是，用形状记忆合金电热原理制作的超小型电控阀，由于其体积小巧、动作力大的优点，而使普通电磁阀在该方面难以比拟。

7.6 高速冲压技术

随着我国工业的发展，精密冲压件的应用越来越广，数量也越来越大，对冲压技术的要求也越来越高。在大量生产或超大量生产中，普通冲压已不能满足生产需求。为提高生产率，从而适应生产需要，采用高速冲压技术进行高速自动化生产是最有效的途径。

高速冲压是指冲压速度在 400 次/min 以上的冲压加工。高速冲压技术是集高速精密冲压设备、精密冲压模具、优质材料、智能控制技术及工艺等多种技术于一体的高新技术，涉及机械、材料、电子、光学、精密检测、计算机、信息网络和管理技术等诸多领域，是多学科的系统工程。20 世纪 80 年代末，高速冲压技术开始在我国一些外资企业应用；近十多年来，我国在高速冲压技术方面从引进、消化、吸收到自主研发，都有了较快的发展，已自主研发了高速压力机、高速冲压模具材料、高速冲压用多工位级进模具等。

与普通冲压相比，高速冲压技术适用于大规模生产，具有质量好、效率高、节能降耗、安全性高、成本低等特点，在电子类零件、电器铁芯类零件、电机铁芯类零件、IC 集成电路引线框架类零件、汽车类零件、家电类零件、换热器翅片类零件及其他类型零件生产中应用十分广泛。

展望未来，液压传动的主要竞争者是电气传动和机械传动。在当今科学技术飞速发展的情况下，液压技术必须充分发挥自身优点和借鉴其他领域的先进技术成果，不断创新，以提高液压元件和系统性能，降低成本，并满足节能、环保和可持续发展的要求，才能保持强大竞争力，并不断扩大应用领域。

8 液压技术的节能化

近年来，世界各国在节省能耗、保护环境等方面做了大量工作。我国在节能等方面的进展与世界先进国家还有较大差距，直接影响了我国经济的可持续发展。液压系统具有功率大、工作压力和流量可调性好、热量可被带回油箱等优点。但值得注意的是，液压传动存在多次能量转换，而且液压油箱会造成潜在环境污染和油的损耗。因此，液压技术必须不断改进这些缺点，提高液压传动与控制的性能，才能适应可持续发展及节能的需要，提高与电气传动、机械传动的竞争能力。

8.1 液压系统节能

8.1.1 液压传动系统产生的能量损失

液压传动系统产生的能量损失主要有以下几个方面：
（1）机械摩擦和泄漏（内泄漏和外泄漏）的能量损失；
（2）传输管路的能量损失（沿程损失和局部损失）；
（3）控制阀的能量损失；
（4）液体介质压缩能量损失；
（5）压力冲击（管道扩张）振动的能量损失；
（6）电气控制器的能量损失；
（7）系统输入和输出功率不匹配的能量损失。

8.1.2 动力元件部分的节能分析

一般液压系统的动力元件部分都是液压泵，它通过电动机的驱动来实现能量的转换和输出。液压泵是液压系统中把机械能转化为液压能的主要工具，合理地选用液压泵，对系统的节能也有着极其重要的意义。

液压泵的能量损耗主要包括两部分：一是本身内部的泄漏；二是外部流量的溢流，尤其是高压下的溢流。所以，液压泵节能的关键也在于以下两点：
（1）根据系统的性能要求选择合适的液压泵，在能满足要求的情况下，尽量选择效率高的液压泵。
（2）要减少或消除泵输出流量的外部溢流，最根本的手段就是使泵的输出流量能够随负载压力的变化而变化。选用变量泵是节能的一个有效手段，而且变量泵的规格型号也很多，常见的有限压式变量泵、恒压变量泵、稳流变量泵、恒功率变量泵等。对于定量泵系统，则应尽量避免高压溢流，可多采用低压卸荷或者高低压泵组合工作。近年来出现的变频调速技术，也为定量泵系统的节能开辟了一条新的途径。

8.1.3 控制元件部分的节能分析

控制元件部分主要是指系统中的各种液压阀及其功能组合。该部分的能量损耗主要有三个方面：一是液压阀本身的内泄漏；二是液压阀及其组合的外泄漏；三是系统原理设计的不科学、液压阀配置不合理造成的压力和流量的额外损失。针对以上三方面的节能考虑如下：

(1) 液压阀的内泄漏，对于某些阀来说，在一定范围内是允许的甚至是必要的，一定程度上它将改善某些液压阀的工作性能，但过度的内泄漏显然是不可取的。内泄漏的大小主要与材料、加工工艺和手段有关。对于设计者来说，唯一可做的主要是要尽量选择质量可靠的知名厂家生产的液压阀。

(2) 液压系统的外泄漏是不允许的。对于设计者来说，在满足系统要求的前提下，应该尽量减少液压阀的数量，并尽量采用集成技术，使用螺纹插装阀。

(3) 系统控制原理设计的科学合理性，对于系统的效率也有很大的影响。如图 8.1 所示。图 8.1 (a) 为带调速阀的定量泵系统，图 8.1 (b) 为旁路节流的定量泵系统，在相同工况下，图 8.1 (b) 的系统效率比图 8.1 (a) 的要高。这主要是因为通过液压阀的不同配置，使得液压泵和执行器间的能量匹配关系发生了改变。不考虑其他因素，就从压力损失的角度来看，系统图 8.1 (b) 就比系统图 8.1 (a) 减少了节流阀造成的压力损失，显然有利于系统效率的提高。除应用科学合理的系统控制原理外，还要配备优质的元件才能发挥更大作用。所以，在选用元件时，应尽量选用那些效率高、能耗低的元件，如选择压降小、可连续控制的比例阀，多选用集成阀组和多采用集成技术。

8.1.4 执行元件部分的节能分析

一般液压系统的执行元件主要是指液压缸和液压马达。液压缸是把液压能转换成机械直线运动的主要工具。造成液压缸能量损耗的因素主要是泄漏和摩擦。因此，优化液压缸的设计结构、改善加工工艺、提高密封材料的性能，是提高液压缸工作效率的主要方法。当然，在系统设计时，根据不同的工作要求，合理地选择液压缸的结构形式，构建最有效的驱动控制方式，对于系统节能也有一定的帮助。

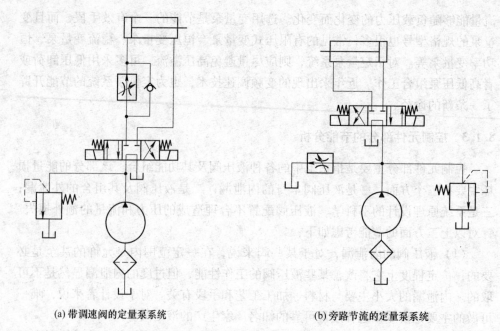

(a) 带调速阀的定量泵系统   (b) 旁路节流的定量泵系统

图 8.1   控制元件的节能分析

8.1.5   管道部分的节能分析

任何液压系统都需要通过管道来实现各个元部件间的功能联系，管道包括内部流道和外部管路。由于液体的黏性造成的液阻，液体在管道中流动，就必然存在压力损失。这是管道部分能量损耗的主要形式。因此，尽量减小工作液体在管道中流动产生的压力损失，是管道节能的一个主要措施。式 8.1 是常见的液体在圆管中流动时的沿程压力损失计算公式：

$$\Delta p = \lambda \frac{l}{d} \times \frac{\rho v^2}{2} \tag{8.1}$$

式中，λ 为沿程阻力系数，$\lambda = 64/Re$，Re 为雷诺数；l 为管道长度；d 为管道直径，ρ 为液体密度；v 为液体的平均流速。

由上式可知，管道的压力损失与管长 l 和液体在管道中的流速的平方 v^2 成正比，而与管径 d 成反比。因此，要减少液压系统中管道部分的压力损失，应注意以下几点：

（1）尽量缩短管道长度，减少管道弯曲和截面的突然变化；

（2）管道内部力求光滑；

（3）选用的液压油黏度要适当；

（4）管道应有足够大的通流面积，并将液流的速度限制在适当的范围内。

8.1.6 液压系统的节能回路

提高液压元件自身的性能，可提高液压系统的节能效率。例如通过加工工艺的升级，提高液压元件的精度并降低泄漏，从而实现液压系统的节能。不过，随着产品生产工艺的不断提高，液压元件的性能不断完善，液压系统总效率的提高并不明显。在这样的条件下，多种液压节能回路应运而生，目前主要研究的液压节能回路包括：容积调速回路、压力匹配节能回路、电液负载感应节能回路、变频调速液压节能回路、负流量控制、基于二次调节的液压节能回路等。

8.1.6.1 容积调速回路

容积调速原理，是通过改变液压泵（马达）的流量（排量）调节执行元件运动速度。节流调速回路由于存在着节流损失和溢流损失，回路效率低，发热量大，因而只适用于小功率调速系统。在大功率调速系统中，多采用回路效率高的容积式调速回路。容积调速回路有变量泵-定量马达、定量泵-变量液压马达以及变量泵-变量液压马达三种可能的组合形式，如图 8.2 所示。

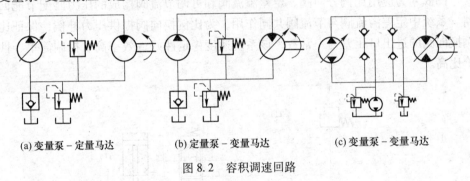

(a) 变量泵－定量马达　　　　(b) 定量泵－变量马达　　　　(c) 变量泵－变量马达

图 8.2　容积调速回路

液压容积调速的特点是：可无级调速、调速范围大、效率高、静态特性好、回路的刚度较高、动态特性稳定。此外，回路的适应性强，不受控制工作点改变的影响。

图 8.3 为一变量泵控马达闭式液压系统原理图。变量泵 3 的排量可调，实现流量调节。补油泵 1 补偿系统运行过程中的泄漏。安全阀 4 防止压力过高造成事故。溢流阀 6 调定补油压力。由于系统中没有方向阀和节流阀，液压泵输出的压力油全部送往液压马达（或液压缸），这不仅简化了液压系统的结构，而且大大减少了阀口节流和管路沿程损失。

8.1.6.2 压力匹配回路

压力匹配节能回路的主要设计思路，是保证节流阀进出口压差恒定，其中的核心元件是定差溢流阀与节流阀。定差溢流阀不单为系统提供溢流保护，同时它可作为节流阀的压力补偿阀，使溢流阀进出口压差不受外负载影响，保持为一

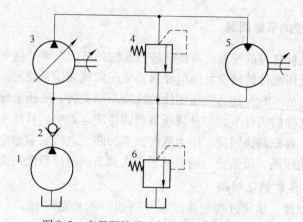

图 8.3   变量泵控马达闭式液压系统原理图
1—补油泵；2—单向阀；3—变量泵；4—安全阀；5—液压马达；6—溢流阀

常数。

图 8.4 为应用比例方向阀、定差溢流阀和可调节流阀构成的压力匹配节能回路。系统中定差溢流阀与节流阀共同作用，为比例换向阀提供压力补偿，保证比例换向阀的进出口压差为一常数，该系统速度稳定性好、效率高、控制简单、性价比高。

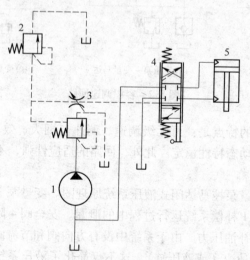

图 8.4   压力匹配节能回路
1—定量泵；2—定差溢流阀；3—可调节流阀；4—比例换向阀；5—执行元件

8.1.6.3   电液负荷感应系统

负荷传感系统是一个具有压差反馈，在流量指令条件下实现泵对负荷压力随动控制的闭环系统，其中压力补偿控制是实现各动作流量分配和准确控制的保证，根据压力补偿在回路中的位置，压力补偿系统分为阀前补偿、阀后补偿、回油补偿。负荷感应是接收或感应负荷压力的一种方法，它将负荷反馈到控制系统，以控制负荷回路的流量不会因负荷的变化而受影响。没有负荷感应，流量就会随负荷的变化而变化。其他控制压力系统虽消除了压力过剩，但不能消除流量过剩，多余的流量会造成一定的能量损失。负荷感应控制系统按控制方式一般可分为压力感应控制、流量感应控制及功率感应控制3种方法。由于液压泵只需提供与执行元件负荷相匹配的压力、流量或功率，液压系统中不产生过剩压力和过剩流量，或者相对于系统压力和流量来说很小，因而系统具有显著的节能效果。

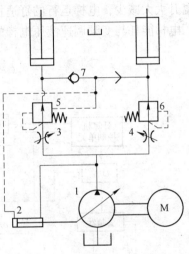

　　图8.5为由变量活塞、控制阀与压力补偿阀、梭阀组合在一起的负荷感应控制系统。该装置使液压泵的压力、流量与负载压力、流量相适应，系统不会产生过剩压力和过剩流量，节能效果可达30%～40%。电液负载感应系统的另一个优点是可采用数字压力补偿，即将检测得到的供油压力和负载压力送入各阀的流量控制器，经过数字运算处理，使阀芯朝着与阀进出口压差变化相反的方向移动某一适当数值，从而消除可能由供油压力或负载压力变化引起的流量变化。

图8.5　负荷感应控制原理图
1—主泵；2—变量活塞；3，4—控制阀；
5，6—压力补偿；7—梭阀

8.1.6.4　变频调速节能

　　变频调速系统是用异步电机作为原动机的液压传动系统，用定量泵作为动力油源，通过变频器改变异步电机转速，从而使泵输出的流量与系统外负载相适应。变频调速系统原理图如图8.6所示。系统通过压力传感器及速度传感器将系

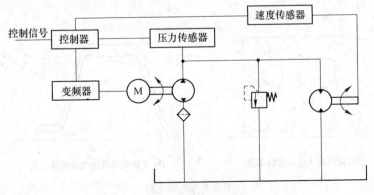

图8.6　变频调速系统

统压力及马达转速反馈给控制器，控制器经过运算后，输出控制信号改变电机转速使之与负载变化相匹配。变频调速适用于大功率、频繁工作的系统，通过改变定量泵的输出流量，有效地降低系统因溢流、卸荷及节流等因素造成的流量损失。变频调速目前主要用于液压电梯、注塑机等由电机驱动的液压传动系统。

变频调速液压电梯原理图如 8.7 所示，与传统阀控液压调速相比，电梯能耗温升大大减少，电梯运行的舒适性和运行精度得到了提高。图 8.8 为传统阀控液压电梯能耗与变频调速液压电梯的能耗比较。

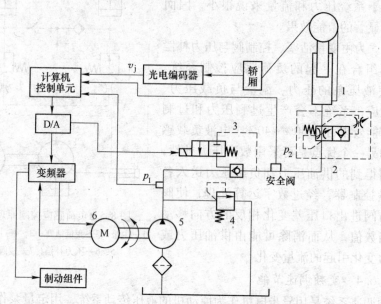

图 8.7 变频调速液压电梯原理图

1—液压柱塞缸；2—防爆阀；3—液控单向阀；4—安全阀；5—螺旋泵；6—异步电机

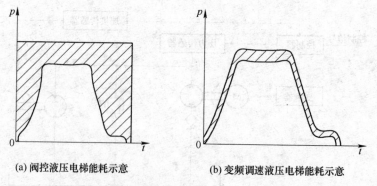

(a) 阀控液压电梯能耗示意   (b) 变频调速液压电梯能耗示意

图 8.8 能耗比较

8.1.6.5　负流量控制

负流量控制是液压泵中的流量 q 随控制压力信号 p 的增大而减小，即控制油压与流量成反比。负流量控制的基本原理如图8.9所示，控制压力信号 p 由液压缸的回油经过负流量调节阀产生，其油压的变化即可控制主泵流量。当主阀回油量大时，控制油路的压力升高，泵的流量即减小；反之，泵的流量增大。即液压泵带有负流量控制，可实现当系统换向阀处于中位时，通过负流量控制阀产生反馈信号，传送到主泵控制阀。主泵的流量随压力信号增大而减小，避免了传统的液压系统靠溢流阀的溢流控制方式，最大限度地减少功率的损失和系统发热。当安装了压力切断阀后，其节能效果更为明显。如图8.9中阀6为切断阀，当执行元件运动到极限位置，主泵输出压力接近主泵溢流压力时，切断阀执行切断功能以减小泵的排量，消除系统过载时的溢流损失。与传统的控制方式相比，该系统具有能进行最大流量限制、可靠性和稳定性好、节能效果明显、系统响应快、可维护性能好等特点。

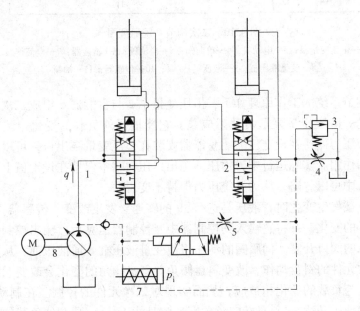

图 8.9　负流量控制

1，2—主换向阀；3—溢流阀；4，5—节流阀；6—切断阀；7—变量活塞；8—主泵

8.1.6.6　二次调节技术

所谓二次调节，是对液压能与机械能互相转换的液压元件所进行的调节，通常以压力耦联系统为基础，一次元件（泵）及二次元件（马达）间采用定压力耦合方式，依靠实时调节马达排量来平衡负荷扭矩（图8.10）。

二次调节静液传动技术，可回收惯性负载的制动能量和垂直负载的重力势能。在静液传动系统中，通常把机械能转化成液压能的元件，如液压泵，称为一次元件；将液压能和机械能可以相互转换的元件，如液压马达和泵，称为二次元件。

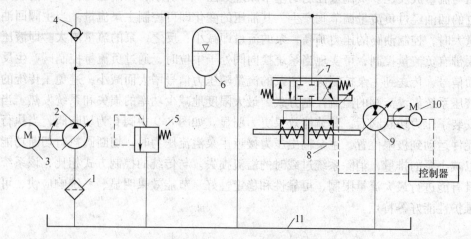

图 8.10 二次调节系统原理图

1—过滤器；2—恒压变量泵；3—电动机；4—单向阀；5—溢流阀；6—蓄能器；7—电液伺服（比例）阀；
8—变量液压缸；9—液压马达/泵；10—传感器；11—油箱

二次调节系统的工作原理如下：恒压变量泵 2 与蓄能器 6 组成二次调节系统的恒压油源。恒压变量泵是负载感应泵，它能根据外负载的变化，调节自身排量，从而使压力保持在设定压力。蓄能器安装在恒压变量泵出口，可以起到抑制压力波动的作用。实际运行中，恒压油源出口压力基本保持在设定值上下，误差很小，分析中可以忽略，认为系统压力保持不变。

当外负载发生变化时，液压马达/泵 9 的转速会发生改变，传感器 10 能检测到速度信号的变化，并将它输入到控制器中。控制器运算后，输出控制信号，改变伺服阀 7 的阀口开度。伺服阀的动作将使变量液压缸 8 通液压油，从而使液压缸带动二次元件的斜盘动作，改变斜盘倾角。斜盘倾角的变化会改变二次元件的排量，使之与负载的变化相适应，从而实现对二次元件的控制。在制动过程中，控制器控制液压马达/泵斜盘转向负角度，此时液压马达/泵在外负载的惯性带动下，工作在泵工况下，向系统中输入能量并储存在蓄能器中。单向阀 4 可防止在能量回收阶段液压油逆流入恒压变量泵中。

8.1.7 其他的影响液压节能的因素

8.1.7.1 联接方式

系统内部各元部件之间的联接和安装，如电动机与泵之间、管路之间、管路与油口之间的联接和安装，对于节能都有着重要的影响。应尽量设计或选用弹性联轴器来联接电动机和泵，或使用泵、电动机一体化产品；多采用富有弹性和位置补偿能力的接头系统，如卡套式和 SAE 开口式矩形法兰等。

8.1.7.2 油液清洁度

系统油液的清洁度间接地对系统的能量损失有着重要的影响，它往往是导致系统中某些部分能量损失的一个导火索。油液清洁度如果不理想或者不满足要求，将会对整个系统的元件和管路造成严重的损坏，使磨损加剧、泄漏加大、压力和流量损失增加、系统工作不稳定等等，直至整个系统瘫痪。所以，选用优质的工作介质，同时做好系统的过滤设计，是极其重要的。

8.1.7.3 液压冲击和振动

液压系统在工作中，受元部件性能、管路以及介质特性的影响，必然会伴随着液压冲击和振动。这种冲击和振动容易使元件和管路间的联接松动，甚至管路破损，造成泄漏的不断加剧。而且它也会引起系统压力和流量的脉动增大，造成能量的额外损耗。因此，在系统设计时，应多选用工作更加平稳的元部件，多采用液压缓冲技术。尤其是在管路上配置蓄能器，充分利用蓄能器的储存能量、吸振的性能特点来减小冲击和振动。

8.1.7.4 油温

油温的过高和过低，都会对液压系统的工作效率造成极大的影响。过高的油温会导致工作介质黏度的降低，泄漏增大；同时也会造成密封件的破损，加速元件性能的下降等等。过低的油温则会导致介质黏度的提高，使液阻增加，压力损失增加。一般来说，油温应控制在 35~60℃ 之间，所以，采取各种措施保证合适的油温是非常必要的。

8.2　液压系统节能化应用举例

8.2.1　液压混合动力车

混合动力技术是指在同一车辆中以两种或两种以上储能器、能量源或能量转换器作为动力源，通过整车控制系统使两种动力装置有机协调配合，实现最佳能量分配，达到低能耗、低污染和高度自动化的一种新型技术。

液压混合动力最初的应用对象主要是城市公交车（如图 8.11 所示），近年来，随着节能环保的日益迫切，液压混合动力的应用范围在不断扩大。美国环保署（EPA）联合福特公司、Eaton 公司、Parker-Hannifin 公司、FEV、Michigan 大学、Ricardo 公司及 Wisconsin 大学等单位开展液压混合动力技术研究。

图 8.12 为 2004 年美国环保署（EPA）推出的全球第一辆液压混合动力驱动的运动型多用途车（SUV）。这种 SUV 在城市及高速公路混合工况下，燃油经济

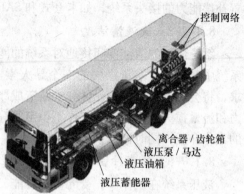

控制网络

离合器／齿轮箱

液压泵／马达

液压油箱

液压蓄能器

图 8.11 　混合动力巴士

性可以提高 30%～40%。

图 8.13 为 2006 年 UPS 公司研发了基于二次调节静液传动技术的包裹运送车，根据其在密歇根州试运行的数据表明，该车节油率达到 45%～50%，可使 CO_2 的排放降低 30%。

图 8.12 　液压混合动力汽车　　　　图 8.13 　二次调节静液传动包裹运送车

目前，对液压混合动力技术的研究最具代表性的是德国的力士乐公司和美国的伊顿公司。图 8.14 所示为 2009 年力士乐公司推出了采用 HRB 系统的液压混合动力垃圾车。试验结果表明，HRB 系统节能效果高达 25%。图 8.15 为 2010 年力士乐公司推出的采用 HFW 系统的液压混合动力挖掘机。力士乐已将液压混合动力系统成功地应用于垃圾处理车、叉车和挖掘机等车辆上，并将其产业化。图 8.16 和 8.17 分别为伊顿液压混合动力垃圾车和 Parker 液电混合动力系统。

图 8.14 液压混合动力垃圾车

图 8.15 液压混合动力挖掘机

图 8.16 伊顿液压混合动力垃圾车

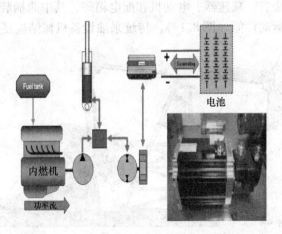

图 8.17 Parker 液电混合动力系统

图 8.18 所示为公交车二次调节系统简图。控制器可以接收系统的反馈量，包括二次元件的转速、输出轴转矩、系统压力和使用者的操作意图等相关传感器信号，综合处理后对系统进行控制。能量的回收与利用主要通过二次元件实现。当车辆制动时，控制器控制二次元件的斜盘倾角，使其由马达工况转为泵工况，向系统供能，换向阀动作，蓄能器储存能量，直到车辆完全停止，完成能量回收。当车辆再次处于起步状态时，制动时储存在液压蓄能器中的能量释放出来，与一次元件共同提供起步动能。

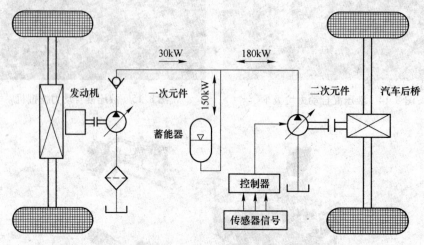

图 8.18　公交车二次调节系统简图

8.2.2　二次调节液压抽油机

抽油机是有杆抽油系统中最重要的举升设备，主要构成包括底座、支架、驴头、游梁、曲柄装置、减速器、电动机和配电箱等，其中曲柄装置的传递结构直接影响着整机的运动性能（图 8.19）。传统采油设备机械结构复杂，体积大，传

图 8.19　采用传统传动方式的抽油机

动环节多，能量损失大，效率较低，制造成本较高。而采用全液压系统代替减速机构（图8.20），引入二次调节，采用蓄能器对系统势能进行回收，可实现节约能源的目的（图8.21）。

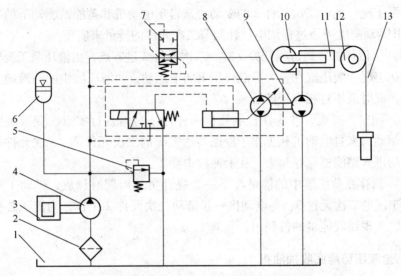

图 8.20 功率回收型液压抽油机液压系统

1—油箱；2—滤油器；3—原动机；4—液压泵；5—安全阀；6—蓄能器；7—限速阀；8—变量泵/马达；
9—液压泵/马达；10—动滑轮；11—液压缸；12—定滑轮；13—钢丝绳

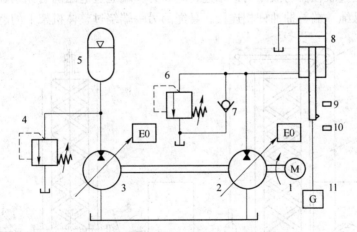

图 8.21 二次调节液压抽油机工作原理图

1—电动机；2，3—液压泵/马达；4，6—溢流阀；5—液压蓄能器；7—单向阀；
8—液压缸；9，10—行程开关；11—负载

二次调节抽油机工作过程如下：

（1）开机启动时，控制器发出指令，调节二次元件2的斜盘倾角为零，使其

输出流量为零。使二次元件 3 工作于液压泵工况，给蓄能器充压。

（2）在液压缸上行过程中，电动机带动同轴的二次元件 2 和 3 工作，二次元件 3 在辅助能源蓄能器作用下工作于液压马达工况，控制器调节二次元件 2 工作于液压泵工况。此时二次元件 2 的驱动力来自于电动机和蓄能器驱动下的二次元件 3，其运动速度可通过预调电位计调节二次元件的排量来实现。

（3）当液压缸碰到行程开关 9 时，二次元件 2 过零点，由液压泵工况转换成液压马达工况。液压缸在重力势能作用下向下运动，使液压缸中的油液向二次元件输出，此时液压缸相当于液压泵。

（4）同时，二次元件 3 在控制器指令作用下，斜盘过零点，变成液压泵工况。其驱动力来自电动机和工作于液压马达工况的二次元件 2。二次元件 3 输出的液压油进入储能器储存起来，在上冲程中释放。

（5）储存在蓄能器中的能量在下一个提升负载周期时释放，带动工作于液压马达工况的二次元件 3，与电动机一起带动二次元件 2 工作，为液压缸提供所需能量，实现回收能量的再利用。

8.2.3　全液压势能回收抽油机

全液压势能回收节能型抽油机整体结构如图 8.22 所示，由抽油机机械部分和液压部分组成。机械部分主要包括卷筒、抽油杆、整体机架、悬绳与滑轮；卷筒的一端通过联轴器与液压马达相连，卷筒另一端通过电磁离合制动器与辅助油泵相连；悬绳一端与抽油杆相连接，悬绳的另一端绕过整体机架上的滑轮连接卷

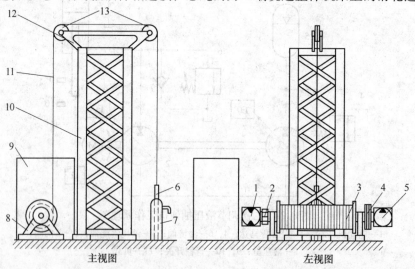

主视图　　　　　　　　　　　　　左视图

图 8.22　全液压势能回收节能型抽油机整体结构示意图

1—液压马达；2—联轴器；3—卷筒；4—电磁离合制动器；5—辅助油泵；6—抽油杆；7—油井井口；
8—卷筒支架；9—油箱；10—整体机架；11—悬绳；12—滑轮支架；13—滑轮

筒。液压部分包括液压马达和液压站，液压马达与液压站中的三位四通电磁换向阀相连，三位四通电磁换向阀通过行程控制开关控制其换向动作，实现抽油杆的往复运动。

全液压势能回收抽油机的工作原理如下：抽油机采用全液压节能系统，原理如图8.23所示。在系统上行程抽油过程中，主油泵与蓄能器共同作用，为液压马达供油。马达带动卷筒旋转，固定在卷筒上的悬绳拉动抽油杆进行上升运动。当抽油杆达到上行程控制开关所限定的行程位置后，触发行程开关，控制三位四通电磁换向阀换向，同时控制电磁制动离合器动作，卷筒与辅助油泵结合，完成抽油过程；系统开始下行运动。在抽油杆下降过程中，主油泵向蓄能器充液，蓄能器存储泵间歇功率，同时利用抽油杆下降带动卷筒反向旋转，卷筒反向旋转带动辅助油泵工作，使其向蓄能器充液，回收系统势能，转化为液压能存储在蓄能器中，为下次抽油动作积蓄能量。当蓄能器达到压力继电器调定的压力值时，压

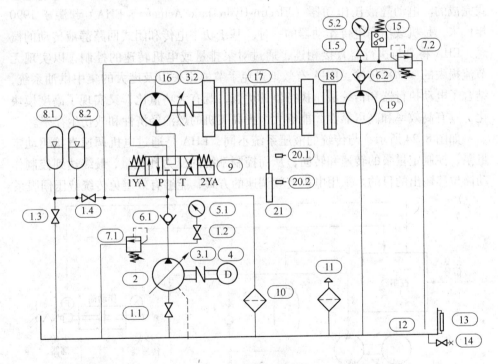

图8.23 全液压势能回收节能型抽油机液压站布置示意图

1—节流阀；2—主油泵；3—联轴器；4—电动机；5—压力表；6—单向阀；7—溢流阀；

8—蓄能器；9—三位四通电磁换向阀；10—回油过滤器；11—空气过滤器；12—油箱；

13—油温油位计；14—放油塞；15—压力继电器；16—液压马达；17—卷筒；

18—电磁离合制动器；19—辅助油泵；20—行程控制开关；21—抽油杆

力继电器发出电信号，使电磁制动离合器动作，卷筒与辅助油泵分离，同时电磁制动离合器对卷筒旋转制动。当抽油杆运动至下行程控制开关所限定的行程位置时，控制三位四通电磁换向阀换向，完成一次冲程。

全液压势能回收节能型抽油机的优点体现在以下两个方面：

（1）较常规抽油装备节省了以往复杂的传动、减速机构，结构简单紧凑，可有效减少占地面积，降低制造成本，且装备自适应性好；

（2）液压部分设计了蓄能回收系统，配合蓄能器回收系统势能与主油泵间歇功率，对抽油机势能回收利用，提高了系统运行效率。与传统抽油机相比可降低40%的装机功率，节约了能源。

8.2.4　电动静液压作动器

现代飞机控制系统正在向功率电传（PBW）方向发展。功率电传，指由飞机次级能源系统至作动系统各执行机构之间的功率传输是通过电导线以电能量形式完成的。电动静液压作动器（Electro-Hydrostatic Actuator，EHA）起源于1990年代末，是机载功率电传作动器的一种。基于功率电传和闭式回路静液传动的概念，EHA将泵与执行器直接相连，通过对泵排量或电机转速的控制，以实现无节流损失的变功率传输。EHA有效地避免了节流损失以及庞大的集中供油系统，结合了电动执行器和传统液压执行器的优点，既有大功重比，又实现了高度模块化，具有高效率和高可靠性，能够大大提高飞机的燃油经济性和战伤生存率。

如图8.24所示，与传统的液压系统不同，EHA是通过电机调速直接驱动定量泵，控制定量泵的转速和转向，从而控制系统的压力和流量，最终达到控制作动筒位移输出的目的。采用电机变频调速的方式，能够有效避免传统液压伺服系

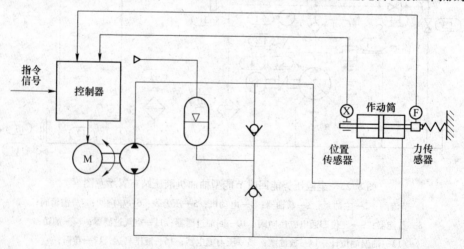

图8.24　电动静液压作动器原理图

统中的节流、溢流损失，因而系统效率能够大大提高，有利于飞机续航能力的提升。采用闭式回路单泵驱动单个作动筒，系统压缩油液的体积更小，安装更为灵活，控制更为快速准确，且能够有效减轻机身重量，提高系统的可靠性。目前 EHA 已成功应用于飞机（F-18，A380）和潜艇，并逐渐延伸至工程机械等领域。

9 液压技术的数字化

9.1 液压数字化综述

计算机的日益发展和普及，对液压组件的发展产生了前所未有的促进作用，各种功用的数字化液压组件不断出现，液压系统的数字化和微机化已成为发展潮流。同样，数字化液压组件的良好使用性，一方面满足了用户的需要，另一方面也对液压组件的研制提出了全新的理念。

液压技术是现代传动和控制技术的基础，在现代化生产中扮演着重要角色。进入 21 世纪，电子技术的飞速发展使得微电子技术和液压技术的结合成为一种必然趋势，加强对数字液压技术现状和发展的研究分析，能够帮助我们明确数字液压技术的应用领域以及存在的问题，方便相关学者有针对性地采取措施，促进数字液压技术的进一步发展。

随着液压伺服控制技术和计算机电子技术的结合，数字化液压控制系统和数字液压元件不断涌现。与比例控制和伺服控制等模拟量液压控制技术相比，数字化液压控制可靠性更高，抗干扰能力更强，性价比更高，且易于与计算机通信。为实现液压系统的高速、高精度控制，数字控制技术被认为是目前最理想的方法之一。传统液压技术是一种模拟量控制技术，主要是结合各种自动化控制算法的开关控制、比例控制和伺服控制。这种系统结构复杂、可靠性差、价格昂贵、易出故障，需要专门的自控专业人员才能掌握，不利于大规模的推广应用。如今数字技术、计算机技术和信息技术的高速发展，在全世界已引起轰动效应，我们应抓住这个机遇，跨越国外模拟技术的发展历程，直接大规模采用数字技术，实现中国工业的数字化革命。而数字液压系列产品的出现，正好适应了这一发展潮流，改变了中国液压技术长期落后国外的被动局面。自 20 世纪 80 年代以来，计算机控制技术和集成传感技术发展得越来越完善，这为微电子技术和液压技术的结合创造了良好的条件。近几年来，随着计算机的日益普及和数控技术在国民经济各部门的广泛应用，液压技术和微电子技术的结合已成为一种必然趋势，各种数字液压元件不断涌现，满足了不同用户的需求。

9.2 数字液压元件

为了能使液压系统实现高速、高效及高可靠性，需研制将电信号转换为液压输出而且性能好的数字元件。这种数字液压元件通过把电子控制装置安装于传统阀、缸或泵内，并进行集成化处理（如把传感器集成于液压缸的活塞杆上），形成了种类繁多的数字元件，如数字阀、数字缸、数字泵等，由数-模转换元件直接与计算机相连，利用计算机输出的脉冲数和频率来控制电液系统的压力和流量。

9.2.1 数字控制阀

数字阀是用数字信号直接控制液体压力、流量和方向的液压阀。数字阀可直接与计算机接口，不需要 D/A 转换器。价格低廉、功耗小、阀口对污染不敏感、操作方便、简单灵活的数字阀，是液压技术与计算机技术、电子技术结合的关键元件，在液压控制技术方面具有广泛的应用前景，是目前流体传动发展的一个重要方向。

液压系统中采用的数字控制阀，可分为模拟式阀、组合式数字阀、步进式数字阀及高速开关阀等类型。

模拟式阀需要进行数模和模数的反复转换，也常采用脉宽调制式控制，是一种间接式的数字控制。

组合式数字阀是由成组的普通电磁阀和压力阀或流量阀组成的数字式压力或流量阀。电磁阀接收由微机编码经电压放大后的二进制电压信号，省去了昂贵的 D/A 转换装置。

步进式数字阀是采用步进电动机作为电-机械转换元件，将输入信号转换为与步数成比例的阀输出信号。这类阀具有重复精度高、无滞环、无需采用 D/A 转换和线性放大器等优点，但由于其响应速度慢，对于要求快速响应的高精密系统，需要采用模拟量控制方式。

快速开关阀采用脉冲调制法来达到流量控制的目的。脉冲调制法有如下几种：控制脉冲宽度的脉宽调制法（PWM），控制脉冲交变频率的脉冲频率调制法（PFM），脉冲数调制法（PNM），控制脉冲振幅的脉冲振幅调制法（PAM），以及用 1 或 0 将 PNM 的脉冲数分段并符号化的脉冲符号调制法（PCM）等，而开关阀常用时间比率式脉宽调制的方法。

9.2.1.1 增量式数字阀

增量式数字阀是采用由脉冲数字调制演变而成的增量控制方式，以步进电机作为电气-机械转换器，驱动液压阀芯工作，因此又称为步进式数字阀。增量式数字阀控制系统工作原理见图9.1。

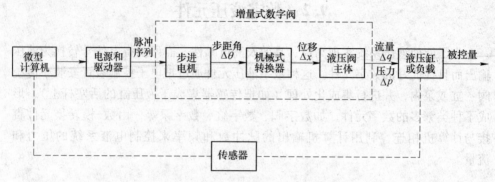

图 9.1   增量式数字阀控制系统工作原理

9.2.1.2   高速开关数字阀

脉宽调制式高速开关数字阀（简称高速开关数字阀）的控制信号是一系列幅值相等、而在第一周期内宽度不同的脉冲信号控制系统的工作原理框图如图 9.2 所示。微机输出的数字信号通过脉宽调制放大器调制放大后使电气-机械转换器工作，从而驱动液压阀工作。由于作用于阀上的信号为一系列脉冲，因此液压阀只有快速切换的开和关两种状态，从而以开启时间的长短来控制流量或压力。

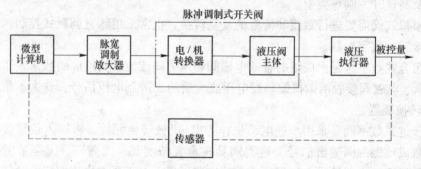

图 9.2   高速开关数字阀的控制原理框图

贵州红林机械厂生产的高速开关阀，其结构原理和实物如图 9.3 所示。

9.2.1.3   插装阀

图 9.4 所示为盖板式二通插装阀，其主要构件有插装元件、控制盖板、先导控制阀三部分。当脉冲信号为低电平时，电磁阀断电，回油球阀在回油口和供油口压差的作用下向左运动，最终紧靠在供油球阀座密封座面上，使供油口关闭，回油口与工作油口连通。当脉冲信号为高电平时，电磁阀通电，衔铁产生电磁推力，通过顶杆和分离销使回油球阀一起向右移动，直到回油球阀靠到其密封座面上。此时回油口中断，供油口打开，供油口与控制口相通，实现控制动作。

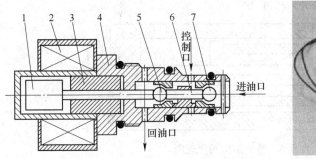
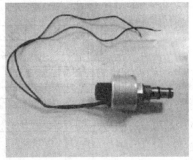

图 9.3　高速开关阀

1—衔铁；2—线圈；3—极靴；4—阀体；5—回油球阀；6—分离阀；7—供油球阀

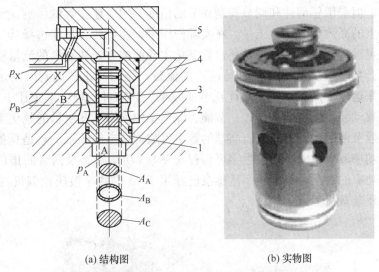

(a) 结构图　　　　　　　(b) 实物图

图 9.4　盖板式二通插装阀的结构原理图

1—阀套；2—阀芯；3—弹簧；4—集成块；5—控制盖板

9.2.1.4　基于缝隙理论的数字阀

在液压传动中，只有考虑液压元件泄漏问题时，才会去分析缝隙流动。基于缝隙理论的数字阀，通过控制缝隙的长度来控制阀口流量，从而实现小流量控制。其结构原理如图 9.5 所示。

9.2.2　数字液压泵

数字液压泵又名数字可编程功率敏感泵，它能够直接与电脑或网络总线相连接，精确控制其液压排量的输出，能够精确控制其对外做功，也可以适应负载敏感、恒功率等工况需要，是实现液压高效节能运作最优秀的器件之一。该泵与传统负载敏感泵不同，负载敏感泵采用负反馈检测调节控制方式，满足工作装置的

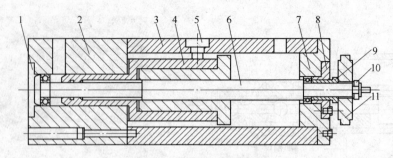

图 9.5　数字结构阀原理图

1—前端盖；2—小油缸体 1；3—小油缸体 2；4—小活塞；5—限位螺钉；6—滚珠丝杠螺母副；
7—后端盖；8—挡圈；9—套筒；10—圆螺母；11—皮带轮

节能运作。但受敏感部件和调节控制环节的精度、响应速度等的影响，无法实现真正意义上的高效且节能地工作。在实际使用中，往往两者只能选择其一优先采用。数字可编程功率敏感泵则是通过数字化主动前馈方式建立泵的流量输出，再精准地配合数字液压系统（缸、马达）的流量、压力需求，做到既满足运动装置的高效率运作，同时又实现最优化节能效果。数字可编程功率泵让工程机械、机器人等移动装备，实现了高效、节能、绿色工作。图 9.6 所示的是亿美博为移动装备高效节能运作开发的最新高端的数字可编程功率敏感泵。它是具备双重调节能力的功率发生单元，即：数字可编程功率泵+功率敏感泵两者的集成。图中两台不同功率的数字可编程功率敏感泵已经用于 23 吨数字液压挖掘机器人及 50 型数字液压装载机器人。

图 9.6　数字可编程功率敏感泵

9.2.3　数字液压缸

　　所谓数字液压缸，是将活塞或缸体的位移量进行数字化，其位移量可通过转换实现数字化，可以直接由下位机（控制器）完成采集，同时也为上位微机提供活塞或缸体的数字化位移量。数字液压缸可分为内驱动式和外驱动式两类。其中外驱动式数字液压缸多趋向于小型化或微型化，可作为某系统的智能单元，而内驱动式液压缸多趋向于大型化。同样，液压缸的数字化也促进了微机的发展与应用。因此，随着液压传动的特性与数字化相结合，将促进液压行业的发展和液压系统可靠性的提高。数字液压缸是增量式数字控制电液伺服元件，即一种将控制步进电动机的电信号转换为机械位移的转换元件。步进电动机可以采用微型计算机或可编程控制器（PLC）进行控制。其工作原理是微机发出控制脉冲序列信号，经驱动电源放大后，驱动步进电动机运动；微机通过控制脉冲来控制步进电动机的转速，从而就控制了电液步进液压缸的运动。电液步进液压缸的位移与控制脉冲的总数成正比；而电液步进液压缸的运动速度与控制脉冲的频率成正比。

9.2.3.1 内驱内部直接反馈式数字液压缸

图 9.7 为内驱内部直接反馈式数字液压缸的工作原理图。该数字液压缸是由齿轮、螺杆螺母、伺服阀、步进电机合理匹配有机组合而成的典型机-电-液复合传动机构。步进电机和液力放大器之间加设了减速齿轮。液力放大器是一个直接位移反馈式液压伺服机构，由控制阀、活塞杆和螺杆反馈螺母组成。这种数字液压缸多用差动缸，因此采用三通（双边）滑阀。使用三通阀控制差动缸时，压力油直接引至活塞杆腔，活塞杆腔的压力则受三通滑阀的棱边控制。在指令输入脉冲作用下，步进电机带动滑阀的阀芯旋转。活塞及反馈螺母未动时，螺杆与螺母做相对运动，阀芯右移，阀口开大，此时，活塞杆外伸。

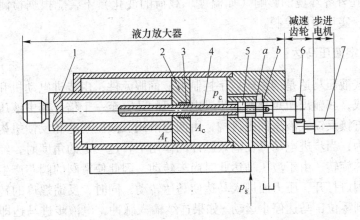

图 9.7 内驱内部直接反馈式数字液压缸工作原理

1—活塞杆；2—活塞；3—负反馈螺母；4—螺杆；5—三通阀阀芯；6—减速齿轮；7—步进电机

9.2.3.2 外驱式数字液压缸

图 9.8 为外驱式数字液压缸的结构图。高压油由 A 口进入缸体后腔，活塞杆

2 在高压油的推动下向前运动，活塞及与其连成一体的螺母套 4 一起向前运动，由于大导程的作用，与扭转体配合的螺母套推动扭转螺旋体产生旋转运动，再经过连接杆 5 带动数字或模拟信号发生器产生数字或模拟信号。

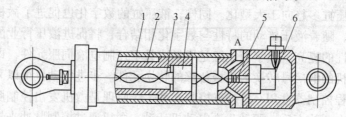

图 9.8　外驱式数字液压缸工作原理

1—缸体；2—中空活塞杆；3—大导程扭转螺旋体；4—螺母套；5—连接杆；
6—数字或模拟信号发生器

　　数字液压缸因可通过传感器对活塞的位移、速度进行实时的反馈，通过控制器来对油缸的流量压力进行调节，与传统的液压控制系统相比，有如下优点：

　　（1）结构简单，环节少，通过使用一个数字缸，就能完成由多个液压元器件所组成的复杂液压系统才能实现的所有功能。

　　（2）通过改变控制程序中的相应参数，就能实现对其运动速度和位移的控制。

　　（3）如以高速开关阀作为锥阀的先导阀，通过控制器实现对信号调制率的控制，可实现高压大流量系统输出参数的比例控制。

　　（4）在外界环境的影响（如温度、载荷的变化）下，能根据检测反馈信息自动调节，实现精确控制。

9.2.4　数字液压马达

　　数字式液压马达是增量式数字控制电液伺服元件，由步进电动机和液压扭矩放大器组成，其输出扭矩是普通步进电动机的几百至一千倍。其中液压扭矩放大器是一个直接反馈式液压伺服机构，由四边滑阀、液压马达和反馈机构组成。其工作原理为：当步进电动机在输入脉冲的作用下转过一定的角度时，经齿轮带动滑阀的阀芯旋转，由于液压马达此时尚未转动，因此使滑阀的阀芯产生一定的轴向位移，阀口打开，压力油进入马达使马达转动；同时，反馈螺母的转动使滑阀的阀芯退到零位，马达停止运动。如果连续输入脉冲，电液步进马达即按一定的速度旋转。改变输入脉冲的频率，即可改变马达的转速。

9.3　液压系统的数字仿真与计算机辅助设计

　　液压系统的计算机辅助设计是随电子数字计算机的高速发展而发展起来的一

门新兴技术，简称 CAD 技术。CAD 技术包括建模、仿真、优化、设计和绘图等。它是利用计算机来辅助设计人员设计较为复杂的控制系统的一种新方法，不仅使控制系统的设计周期大为缩短，并且可以利用计算机仿真技术，更为方便地进行各种方案的分析比较，从而获得最优的设计方案，提高设计水平。

液压系统的数字仿真和设计应用在以下几个方面：

（1）从数学模型出发，对已有的液压系统进行仿真研究，通过不断修改数学模型和改变仿真参数，使仿真更接近于实物实验结果。从而可以比较仿真结果与实验结果的差别，来验证理论的准确程度，并将确定的数学模型作为系统的理论依据，有助于进一步的研究和开发。

（2）在实际的应用系统调试时，通过仿真实验，可以确定调试参数，提供系统调试的理论依据，从而缩短调试周期和避免损坏设备。

（3）对于新设计的系统，通过仿真验证系统控制方案的可行性，研究系统结构参数对动态性能的影响，由此获得最佳的控制方案和最优的系统结构参数。

（4）虚拟样机技术的逐渐成熟，为系统的数字化设计提供了强有力的工具和手段。运用这项技术，一方面可以节约人力和资金，降低产品成本，避免不必要的浪费；另一方面也可以缩短设计周期，并提供设计质量可靠的系统，同时可供客户直接浏览样机运行情况。其数字化的特征表现在产品开发过程中的不同阶段，直至成品出现之前，都是以数字化方式存在，称之为产品的数字化模型。在产品开发过程中，开发过程的管理采用数字化的方式，开发网络的任务是以数字化方式确定和分配的；在产品设计制造的全生命周期中，同一阶段或不同阶段之间，如设计单位内部或设计与制造单位之间，产品信息的交流采用数字化方式，基于数字化模型实现无纸化设计。

9.4　计算机辅助测试

随着液压传动装置对液压元件的技术特性、技术参数的测试要求越来越高，传统的测试方法日益显得不够完善。为提高其测试精度，加快测试速度，更快地为装备提供安全、可靠的依据，就需要设计较完善的液压元件计算机辅助测试（CAT）技术。

9.4.1　静态特性的测试技术

CAT 简化了静态特性的测试系统，操作方便，同时在对液压元件的额定流量（大流量）和泄漏流量（小流量）测试时，将测频法（对大流量的测试）与测周法（对小流量的测试）结合起来，进行宽范围的流量测试。另外，由于光栅传感器采用脉冲量，分辨率高，抗干扰能力强，也提高了系统的测试精度。用光栅传感器测量流量的装置，可实现静态特性的流量测试。

9.4.2 动态特性的测试技术

对液压元件的动态特性测试，一直是测试领域的重要课题之一。在动态测试中，要求测试系统硬件（如传感器、放大器等）对信号的响应速度快，对信号的发生和采集有同步要求是动态性能测试中的难点。CAT 可采用自适应寻优正弦信号测试方法测试元件的动态特性，或采用小波消噪方法对测量过程中的高频噪声进行了消噪处理，提高了测试结果的精确性。以性能先进的 VXI 总线仪器为主要测试设备组成的液压元件动态特性测试系统，具有高速度、高精度、易组建、易扩展、易更新换代等特点。

利用伪随机信号的谱分析法在阀的某一个工作点附近进行测试，不但避免了非线性的影响，而且可以在试验信号幅值很小的情况下完成在线测试。

9.4.3 综合性能的测试技术

利用计算机和相关软件建立的液压元件特性测试系统，实现了液压元件动、静态特性的自动测试。采用虚拟仪器技术 VICAT 系统，产生低频的三角波、正弦波、锯齿波等，用于静态特性实验需要；产生随机信号、正弦扫频信号，用于动态特性实验需要。两路模拟量输出和四路模拟量输入等接口，对提高测试精度、减少测试时间、减轻实验人员负担，无疑起到了巨大的作用。

9.5   液压数字系统发展实例

9.5.1 汽车防抱死制动系统

在汽车防抱死制动装置（简称 ABS）中，液压调节器主要由二位三通高速开关电磁阀、液压泵、电机、单向阀和油箱组成，图 9.9 和图 9.10 为其实物模拟图和工作原理图。

9.5.2 专家智能伺服缸

图 9.11 为德国汉洛威展品所展示的美图公司生产的专家智能伺服缸的示意图，它的终端执行器——数字伺服缸是许多高新技术产品的组合，其中包括了伺服型液压缸、内置式高精度位置传感器、过滤器、伺服阀、微型计算机控制器。

9.5.3 碾扩机的伺服进给系统

研究的数字液压缸是以精密机床碾扩机的伺服进给系统为实验平台，其液压系统工作原理如图 9.12 所示。

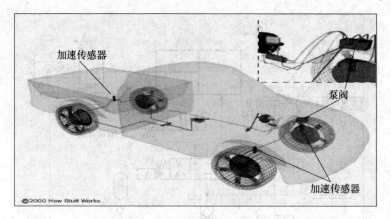

图 9.9 防抱死制动系统

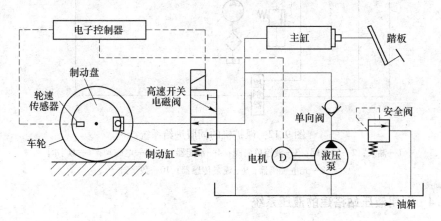

图 9.10 PWM 控制防抱死制动装置工作原理图

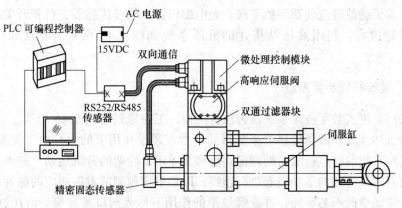

图 9.11 专家智能数字液压缸系统

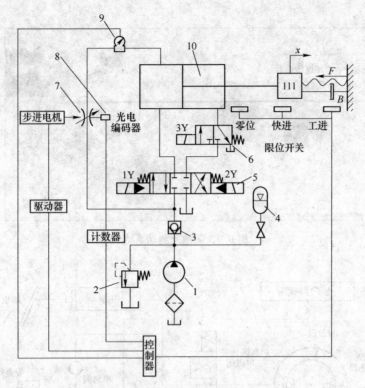

图 9.12　碾扩机的伺服进给系统

1—油泵；2—溢流阀；3—液控单向阀；4—蓄能器；5，6—电磁阀；7—数字阀；

8—光电编码器；9—流量传感器；10—数字缸

9.5.4　利用液压站搭建的液压系统

搭建数字液压缸自动控制系统实验平台所需要的主要设备由 Kinco 触摸屏、S7-200 可编程控制器、WT-3H2208 驱动器、三相混合式步进电机、减速机、液压站、基于缝隙理论的新型数字阀、光电编码器、位移传感器、行程开关、电磁换向阀等构成。利用液压站搭建的液压系统如图 9.13 所示，原理如图 9.14 所示。

9.5.5　波浪补偿装置系统

采用步进式数字液压系统作为执行机构，工作原理如图 9.15 所示。工作时，系统通过加速度和倾角传感器采集得到平台在风浪作用下的六自由度姿态变化，工控机对采集数据进行实时处理得到重物支撑定滑轮架的升沉运动，并通过一定的算法对未来时刻的运动姿态进行预报；PLC 根据预测值发送相应的脉冲控制步进电机带动滑阀阀芯旋转，并在螺纹副的作用下形成阀口开度驱动液压缸运动，同时，通过内置的反馈装置将液压缸运动反馈至阀芯以使阀口关闭，从而实现液

图 9.13　数字液压缸系统图

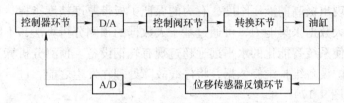

图 9.14　数字液压缸位置控制系统原理图

压缸位置和速度的精确控制；数字液压缸带动滑轮组移动以改变主钢索的伸长量，从而与定滑轮架的升沉运动相抵消，补偿重物随平台在风浪扰动下绝对位置的变化。

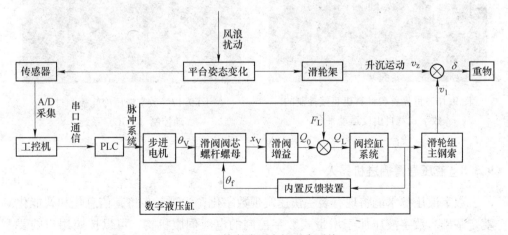

图 9.15　数字液压虚拟平台系统

9.5.6　六自由度控制平台

六自由度运动平台是由六个液压缸、上下各六个万向铰链和上下两个平台组成。下平台固定在基础上，借助六个作动筒的伸缩运动，完成上平台在空间六个自由度（x，y，z，α，β，γ）的运动（图 9.16），从而可以模拟出各种空间运动姿态，可广泛应用到各种训练模拟器如飞行模拟器、舰艇模拟器、直升机起降模拟平台、坦克模拟器、汽车驾驶模拟器、火车驾驶模拟器、地震模拟器以及动感电影、娱乐设备等领域，甚至可用到空间宇宙飞船的对接和空中加油机的加油对接中。在机械加工业，可制成六轴联动机床、灵巧机器人等。

9.5.7　液压冷轧板厚自动控制系统

亿美博数字液压冷轧板厚自动控制（AGC）系统，采用高精度高频响数字液压缸作为其核心传动控制部件，不仅精度高，其响应速度远高于现有采用伺服阀控系统，体现出极高的液压刚度，有力的保证了板带厚度精度指标。该系统还具有网络通讯大数据采集能力，可通过基于大数据的预测分析算法，不断自主优化软件模型，使系统智能化的水平远远超过现有轧钢设备。预测分析算法还可以提前获知重要的设备维护维修依据，将停线故障处理在发生之前，进一步提升轧机的作业率（图 9.17）。

图 9.16　世界首台计算机直接控制的　　　　图 9.17　数字液压冷轧板厚自
　　　　数字式六自由度运动平台　　　　　　　　　动控制（AGC）系统

9.5.8　液压悬臂掘进机器人

数字液压技术能将现有装备快速实现数字化，为进一步将其信息化和智能化奠定基础。数字液压属于增量式数字控制的电液伺服机构，可以按照用户的要求，精确控制其速度和位移，工作可靠性很高，维护也十分简单；具有远程控制、示教、主动编程、自适应、保留全部手操、多种故障预报和报警、节省能量消耗、简化液压系统及控制元件的功能。在矿用悬臂掘进机中得到应用（图9.18）。

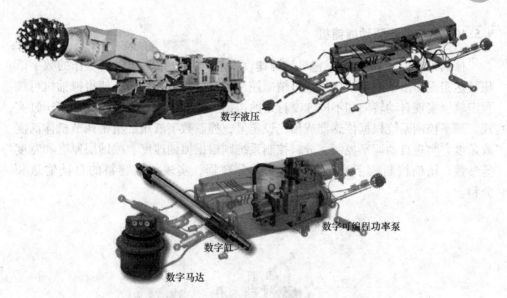

数字液压

数字可编程功率泵

数字缸

数字马达

图 9.18 液压悬臂掘进机器人

9.5.9 液压式运梁车

运梁车采用数字可编程功率液压泵提供动力源,轮胎式行走由数字液压马达驱动,转向和升降则采用数字液压缸控制,能够实现运梁车直行、斜行、八字转向等多种行走模式。由于数字液压缸具有精确微调控制能力,能对各转向架进行准确控制,保证直行和转向时各转向架轮胎磨损率最低,并可提高运梁车走行时的稳定性。最具特色的是各转向架悬挂高度可主动独立调节,即便在道路有较大角度倾斜时,通过改变内外侧悬挂高度,依然可以保证驮运梁的稳定安全(图 9.19)。

图 9.19 液压式运梁车

9.5.10 数字液压驱动摊铺机

摊铺机如图9.20所示。整机摊铺速度及转向由分布驱动履带工作的数字液压马达实现。由于数字液压马达可精确控制各自的转速和转角，使得摊铺机可按预定轨迹实现自动转向和不同速度行走的摊铺。摊铺机调平则采用数字液压缸实现。调平控制系统根据传感器或预先设定量，控制数字液压缸精密调节机体高度或角度，实现自动调平控制。分料控制系统则根据摊铺速度、摊铺层厚度和宽度等参数，精确控制数字液压马达驱动的分料器，实现摊铺物料的自动输送和分料。

图9.20　液压式运梁车数字液压驱动摊铺机

9.5.11 液压驱动控制泵送臂架

利用数字液压驱动控制，可实现精确的位置、速度和加速度（柔性启停）控制能力，大幅度提升泵送臂架的稳定性、精确性和安全性；配合多维度智能减振控制算法，可动态消除臂架泵车最大的安全隐患（晃动），突破泵车核心技术难题。除此之外，由于回转角度和各节臂数字缸的长度全部数字化，可通过空间矢量合成算法得到泵送末端精确的空间位置值，从而可以使泵送末端按规定路径实现精确泥浆泵送的控制，亦可实现稳定性主动保护等。数字液压驱动控制泵送臂架的数字化和智能化工作，是臂架泵车创新发展、实现超越的最佳路径。如图9.21所示。

9.5.12 结晶器在线调宽驱动控制系统

连铸结晶器在线调宽驱动控制系统（图9.22），可以按人为要求十分方便地

图 9.21 液压驱动控制泵送臂架图

图 9.22 结晶器在线调宽驱动控制系统

进行在线调宽控制。其工作原理是：将现有的电动机改为普通油马达，再配上新提供的数字阀，即变成了数字油马达。数字油马达可接收电脑或 PLC 给定的数字信号，可直接设定调宽速度和调宽量。由于分别安装在结晶器左右两侧的油马达接收同一数字信号，因而保证了结晶器两边的同步调整，避免了中心偏移。譬如将板坯宽度从 1500mm 调至 1450mm，则每边需调节 25mm。一般调宽速度9mm/min 左右。如果调宽脉冲当量为 0.01mm，则只需将电脑或 PLC 上的脉冲总数设定为2500，脉冲频率设定为15，则每秒钟结晶器宽度减少0.15mm，经过166s后，板坯自动调整到1450mm宽度。调整过程十分平稳而同步。用这种方法，还可补偿机械间隙的误差，并随时微调纠正宽度误差和校正板坯中线偏移，十分方便灵活。

9.5.13　数字调速器

如图9.23所示为数字调速器，其主要构成为数字式液压缸。

图9.23　数字调速器

（1）数字缸简化了系统结构，数字缸具备了电液转换器中间接力器、反馈电位器及比较放大回路的功能。转动手动旋钮，还可以实现手动操作，不需手动/自动切换阀和手动操作机构，大大简化了系统。

（2）数字缸提高了系统的可靠性，由于减少了元件，即减少了故障发生率，同时由于它手动/自动使用同一油路，自动电气回路发生故障时即自然处于手动状态，故障消除即可投入自动运行，不需人工干预。

（3）数字缸系统对油压变化不敏感，由于数字缸的增益是电液转换器的2~4倍，加之采用机械反馈，所以它与电液转换器中间接力器、电位器组成的环节相比，受油压变化的影响很小，油泵启动时引起接力器位置的变化将大为减弱甚至消失。

（4）数字缸系统的动静态特性，从静态特性来看，数字缸的位置精度很容易达到0.1%甚至更好，而中间接力器位置精度受电位器精度为0.2%的限制，不会高于此精度，非线性度指标数字缸也可以达到很高的要求。从动态特性来看，数字缸可以在1s内走完全行程，远高于调速系统的要求（2~8s）。

9.5.14　钻井数字液压升沉补偿系统

如图9.24所示，无论何种升沉补偿方式，最终都离不开执行器件性能作为基础保证。再好的结构、再好的算法，如果最终执行器件性能无法体现高响应和高精度，最终

图9.24　钻井数字液压升沉补偿系统

构成的补偿系统就无法满足实际使用需要。数字液压由于响应速度高、精确度好、环境耐受力强，结合了先进的补偿控制算法及电气控制系统，在海洋钻井升沉补偿系统应用中，相比传统液压控制器件，具有巨大的综合优势。

9.5.15 大功率特种作业机器人

图9.25所示为数字液压高精密大功率特种作业机器人，采用世界领先的数字液压作为传动和控制核心，由于其不依赖于不耐受电离辐射的电子器件且可高精度及高可靠地工作，因而可耐受高强度电离辐射，可将其应用于放射性核材料加工和处理、乏燃料处置及核退役作业等特殊作业领域。该机器人不仅作业能力强（最大臂展时载荷能力超过300千克至数十吨），作业范围宽（180°回转、$-30° \sim 90°$俯仰、臂展可达$1.5 \sim 15m$），作业精度高（0.1mm重复精度），其亦可耐受$-50℃$低温及$+200℃$超高温，是目前世界上环境耐受力最强、工作精度最高、载荷能力最大的特种作业机器人。该数字液压特种作业机器人具有网络链接能力，各动作环节具有现场总线接口，因而可轻易实现超视距远程遥控、程序化自动作业，或通过机器视觉的选配，实现自主作业。

图9.25 大功率特种作业机器人

10 液压系统的智能化

随着计算机技术的快速发展和广泛应用，人工智能技术对人类社会产生了巨大影响，并且应用到几乎所有的学科领域。因此，智能化也是液压机械行业的发展方向。智能化是指由现代通信与信息技术、计算机网络技术、行业技术、智能控制技术汇集而成的针对某一个方面的应用。就液压机装备行业而言，即在产品的操作和生产中更多地采用智能化方式，减少人员的工作量。对于液压机装备制造业来说，人力正在超越原材料成为最大的成本支出，如果不加快液压机装备制造业的转型升级，走智能化发展道路，行业利润空间将被进一步压缩，因此要实现重点领域制造过程智能化水平的显著提升。

液压技术在与微电子技术紧密结合后，在微型计算机或微处理机的控制下，可以进一步拓宽它的应用领域，各类机器人和智能元件的使用不过是它最常见的例子而已。现在国外已在着手开发多种行业能通用的智能组合硬件，它们只需配上适当的软件就可以在不同的行业中完成不同任务。这样一来，用户的主要技术工作将只是挑选，改编或自编计算程序了。我国装备制造业目前仍然是大而不强，随着中低端产品加工制造产业重心向东南亚等发展中国家转移，发达国家也在用工业化战略刺激高端制造企业的快速发展，我国装备制造业在全球的地位面临挑战。

10.1 智能液压元件

液压智能元件需要具备三种基本功能：液压元件主体功能，液压元件性能的控制功能与对液压元件性能服务的总线及其通信功能。

实际上，液压智能元件一般是指在原有液压元件的基础上，将传感器、检测与控制电路、保护电路及故障自诊断电路集成为一体并具有功率输出的器件。这样它可替代人工的干预来完成元件的性能调节、控制与故障处理功能。其中保护功能包括压力、流量、电压、电流、温度、位置等性能参数，甚至包括瞬态性能的监督与保护，从而提高系统的稳定性与可靠性。

从结构上看，具有体积小、重量轻、性能好、抗干扰能力强、使用寿命长等显著优点。在智能电控模块上，往往采用微电子技术和先进的制造工艺，将它们尽可能采用嵌入方式组装成一体，再与液压主体元件连接。

液压智能元件以 Danfoss 的 PVG 比例多路阀为代表，这是一款上世纪开发在市场有一定占有率的比较有代表性的液压智能元件，如图 10.1 所示。除此以外，Danfoss 的 EHPS2 转向器，力士乐公司的 OBE-D 比例阀（图 10.2）与 EAV-D 柱塞泵，ATOS 公司的 ZOS 数字比例阀（图 10.3）、昆山航天智能技术有限公司与 Eaton_ Ultronics 公司合作参与开发的 ZTS16 双阀芯电子液压阀等（图 10.4）都属于智能型液压元件或液压智能控制元件。

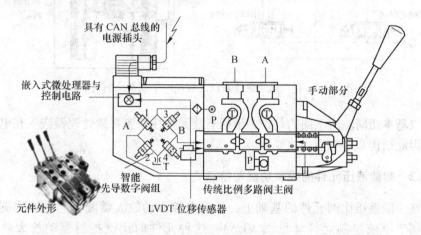

图 10.1　PVG 智能原件组成与智能先导数字阀组

图 10.2　力士乐公司的 OBE-D 比例阀

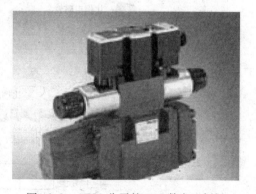

图 10.3　ATOS 公司的 ZOS 数字比例阀

10.1.1　智能液压元件的主体构成

从图 10.1 与图 10.4 可以看到，智能液压元件必须是以机电一体化为基体的元件，也就是说智能液压元件一定具有电动或电子器件在内，与此同时还必须具备嵌入式微处理器在内的电控板或电控器件，以及在元件主体内部的传感器。液压智能元件主体与液压传统无智能元件主体，在原理上可以完全相同，在结构上

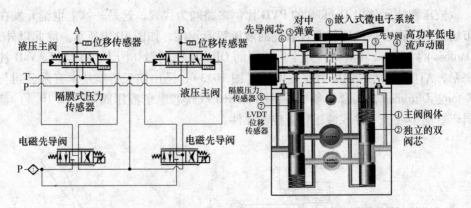

图 10.4 昆山航天独立双阀芯智能电子阀系统图与实体

也可以基本相同。所不同的是作为液压智能元件往往要将微处理器嵌入在电磁阀中，因此结构需要有适当改变。

10.1.2 智能液压元件的控制功能与特点

在一般液压比例元件的基础上，带有电控驱动放大器配套的电液比例多路阀，属于电液控制元件（见图 10.5）。这种元件的比例控制驱动放大器是外置的。

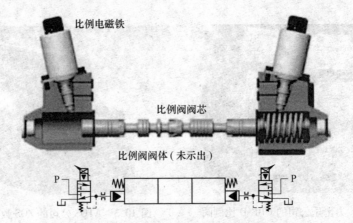

图 10.5 电液比例多路阀（非智能性）

将控制驱动放大器与一个带有嵌入式微处理器的控制板组合并嵌入液压主元件体内，形成一个整体，这样这个元件就具备了分散控制的智能性（见图 10.6）。这样，这种智能元件就将传统的集中控制的方式，转变成为分散式控制系统。不仅实现了智能控制功能，系统设置也是柔性的，通信连接采用广泛应用的标准 CAN 总线协议，外接线减到最少，系统是可编程的可故障诊断的。

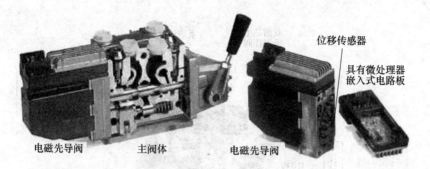

位移传感器

具有微处理器
嵌入式电路板

电磁先导阀　　　主阀体　　　电磁先导阀

图 10.6　智能型 PVG 比例多路数字先导阀及其嵌入式电路板

10.1.3　对液压元件性能服务的总线及其通讯功能

至目前为止，液压元件智能控制系统主要采用的是 CAN 总线（图 10.7）。CAN 总线的优点非常明显，首先减少了接线，降低了成本，传输速度高，可以多主实时，信息有优先级区分，故障与其节点可自检，无电磁兼容问题以及安全可靠。该总线自 1986 年由 BOSCH 公司开发又经 ISO 标准化，已是汽车网络的标准协议，是一种有效支持分布式控制或实时控制的串行通信网络（图 10.8）。

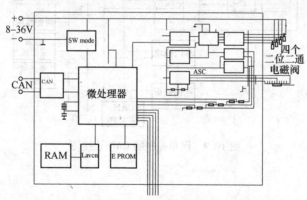

图 10.7　具有 CAN 总线的控制电路

由图 10.9 的 CAN 接线图可见，液压智能元件的功能配置与其相近。同时液压元件体积小，因此不存在总线长度与通信速度的问题（见图 10.10），对于工程机械而言也比较合适，而这一点是工业控制需要考虑的。

CAN 总线实质上是一种局域网，其通信距离有限制。要将 CAN 总线与以太网连接就达到了移动远程控制或通信的目的（图 10.11）。这样一来，可以看到液压智能元件可与以太网联系起来，具备远程数据交换与通信的功能，从而为对液压元件进行调节、远程控制以至故障诊断等都提供了物质基础。液压智能元件的 CAN 总线是可以双向交互通信的。这是智能元件的基本特征之一。

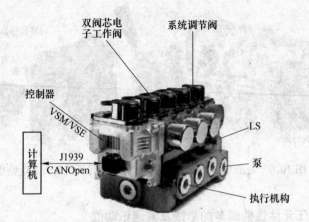

图 10.8　双阀芯电子阀的微处理器与总线通信

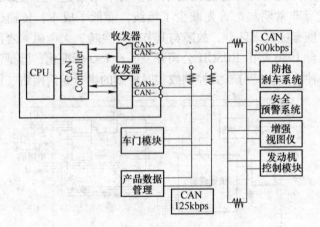

图 10.9　汽车控制的 CAN 连接图

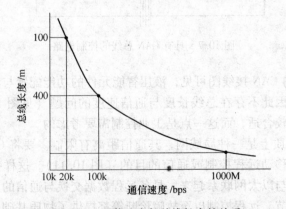

图 10.10　通信速度与总线长度的关系

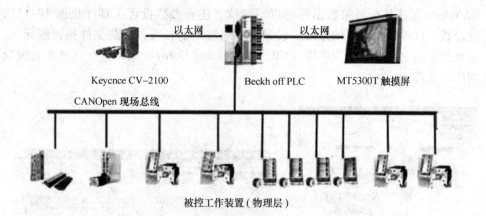

图 10.11 CAN 局域网与互联网的连接

10.1.4 液压智能元件配套的控制器与软件

液压智能元件在系统里的使用与传统元件是完全一样的。但是它的性能参数的设置、调整等需要提供外设才可进行，这些外设可以是公司专设的控制器，或者是一般的 PC 机，但是都需要该产品所对应的公司提供的开发软件系统。目前较多的是各公司各自提供的控制器与配套软件系统（见图 10.12）。

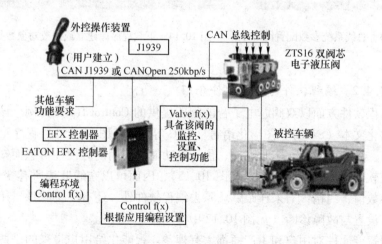

图 10.12 智能元件配套控制器与软件及其作用

10.1.4.1 控制器介绍

对于生产厂商的全套 CAN 总线智能液压元件，一般包括三部分：液压智能元件、控制器及其编程软件以及智能元件可接收的输入操作元件。对于控制器的

CANOpen 元件具有对象数据库可以写与读，还有参数设置工具（见图 10.13），此设置工具可以设置新的系统，设置诸如斜坡类的参数，下载文件到智能元件，记录设置的文件。下载程序库（CIP Downloading Utility）用来建立或修改对象数据库（见图 10.14）。

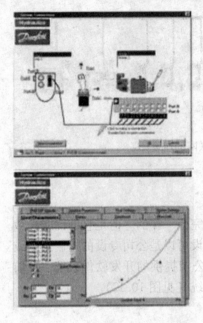
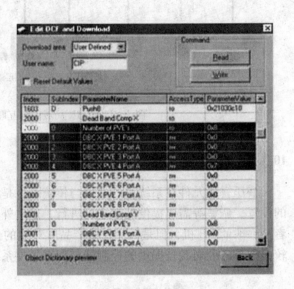

图 10.13　总线系统参数配置图　　　图 10.14　下载程序库建立或修改对象数据库

10.1.4.2　编程软件与工具软件介绍

在编程软件方面以双阀芯电子智能阀所提供的 Control f(x) 为例。该公司提供了结构化文本（STIL）、图形化语言（CFC 等）（见图 10.15）。程序可用 6 种语言编辑，具有可视化、实时除错、仿真等功能，使用的方便性可想而知。与此同时，该软件还具有在线功能（见图 10.15），因而可以在线监测所有变量，写、改这些参数值，纠错，与采样跟踪。除去编程软件外，还有工具软件，用来对系统监控、设置与故障诊断（见图 10.12 中的 Valve f(x)）。

采用智能元件对用户和生产商都大有裨益。智能化给用户带来的是两个方面的利益：在功能上更全面、更有效率，但可能采购成本会有所增加。在经济上带来的是主机运转工作效率的提高，节省了工时即人力成本，以及机器消耗能量的降低，节省了运营成本；另外，提高了机器的安全可靠性，降低了由故障产生的不可预计的额外成本。对于生产商来说，也带来了各方面的效益：产品开发方便快捷，可以个性化定制，降低了营销成本，增加了市场的竞争性。

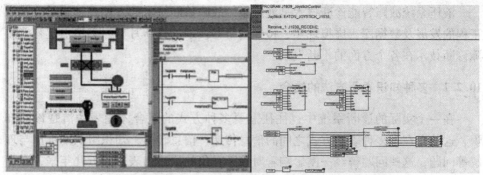

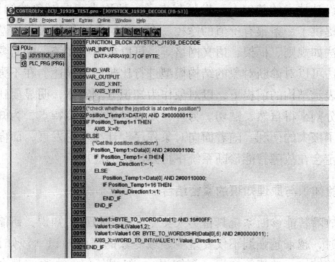

图 10.15 Control f(x) 编程语言的文本与图形化语言

10.2 液压系统故障智能诊断技术

液压系统故障智能诊断技术是人工智能技术在液压系统故障诊断领域中的应用，它是计算机技术和液压系统故障诊断技术相互结合与发展进步的结果。智能诊断的本质特点是模拟人脑的机能，又能比人脑更有效地获取、传递、处理、再生和利用故障信息，成功地识别和预测诊断对象的状态。因此，智能诊断技术是液压系统故障诊断的一个极具生命力的发展方向。目前的智能诊断研究主要从以下方面开展：基于专家系统的故障智能诊断技术，基于神经网络的液压系统故障智能诊断技术，基于模糊逻辑的诊断方法，基于灰色理论的诊断方法，基于故障树分析法的诊断方法，基于实例推理的诊断方法，基于信息融合的诊断方法。液压系统最基本的失效形式有：气穴与气蚀、液压卡紧、温升过高、液压冲击、泄漏、油液污染等。

液压系统故障智能诊断技术是液压系统故障诊断技术的发展趋势。随着知识工程的发展及数据库、虚拟现实、神经网络等技术的日新月异，必然引起智能故障诊断技术在各个方面的不断发展。

10.2.1　多种知识表示方法的结合

在一个实际的诊断系统中，往往需要多种方式的组合才能表达清楚诊断知识，这就存在着多种表达方式之间的信息传递、信息转换、知识组织的维护与理解等问题，这些问题曾经一度影响着对诊断对象的描述与表达。近几年来，在面向对象程序设计技术的基础上，发展起来了一种称为面向对象的知识表示方法，为这一问题提供了一条很有价值的途径。在面向对象的知识表示方法中，传统的知识表示方法如规则、框架、语义网络等，可以被集中在统一的对象库中，而且这种表示方法可以对诊断对象的结构模型进行比较好的描述。在不强求知识分解成特定知识表示结构的前提下，以对象作为知识分割实体，明显要比按一定结构强求知识的分割来得自然、贴切。另外，知识对象的封装特点，为知识库的维护和修正提供了极大的便利。随着面向对象程序设计技术的发展，面向对象的知识表示方法一定会在故障智能诊断系统中得到广泛的应用。

10.2.2　经验知识与原理知识的紧密结合

为了使故障智能诊断系统具备与人类专家能力相近的知识，研制者在建造智能诊断系统时，越来越强调不仅要重视领域专家的经验知识（浅知识），更要注重诊断对象的结构、功能等知识（深知识），忽视任何一方面，都会严重影响系统的诊断能力。关于深浅知识的结合问题，可以各自使用不同的表示方法，从而构成两种不同类型的知识库，每个知识库有各自的推理机制。它们在各自的权利范围内构成子系统，两个子系统再通过一个执行器综合起来，构成一个特定诊断问题的专家系统。这个执行器记录诊断过程的中间结果和数据，并且还负责经验与原理知识之间的"切换"。这样在诊断过程中，通过两种类型知识的相互作用，使得整个系统更加完善，功能更强。

10.2.3　多种智能故障诊断方法的混合

将多种不同的智能技术结合起来的混合诊断系统是智能故障诊断研究的一个发展趋势。结合的方式主要有基于规则的专家系统与神经网络的结合，模糊逻辑、神经网络与专家系统的结合等。混合智能故障诊断系统的发展有如下趋势：由基于规则的系统到基于混合模型的系统，由领域专家提供知识到机器学习，由非实时诊断到实时诊断，由单一推理控制策略到混合推理控制策略，等等。智能诊断系统在机器学习、诊断实时性等方面的性能改善，是决定其有效性和广泛应用性的关键。

10.2.4　虚拟现实技术将得到重视和应用

虚拟现实技术是继多媒体技术以后另一个在计算机界引起广泛关注的研究热点。它有四个重要的特征，即多感知性、存在感、交互性和自主性。从表面上看，它与多媒体技术有许多相似之处，如它们都是声、文、图并茂，容易被人们所接受。但是，虚拟现实技术是人们通过计算机对复杂数据进行可视化操作以及交互的一种全新的方式，与传统的人机界面如键盘、鼠标、图形用户界面等相比，它在技术思想上有了质的飞跃。可以预言，随着虚拟现实技术的进一步发展和其在故障智能诊断系统中的广泛应用，将给故障智能诊断系统带来一次技术性的革命。

10.2.5　数据库技术与人工智能技术相互渗透

人工智能技术多年来曲折发展，虽然硕果累累，但比起数据库系统的发展，却相形见绌。其主要原因在于缺乏像数据库系统那样较为成熟的理论基础和实用技术。人工智能技术的进一步应用和发展表明，结合数据库技术可以克服以前人工智能不可跨越的障碍。这也是智能系统成功的关键。对于故障诊断系统来说，知识库一般比较庞大，因此可以借鉴数据库关于信息存储、共享、并发控制和故障恢复技术，改善诊断系统性能。

随着人工智能技术的迅速发展，特别是知识工程、专家系统和人工神经网络在诊断领域中的进一步应用，人们已经意识到其所能产生的巨大的经济和社会效益。同时，由于液压系统故障所呈现的隐蔽性、多样性、成因的复杂性，进行故障诊断所需要的知识对领域专家实践经验和诊断策略的严重依赖，使得研制智能化的液压故障诊断系统成为当前的趋势，以数据处理为核心的过程被以知识处理为核心的过程所替代。由于实现了信号检测，数据处理与知识处理的统一，使得先进技术不再是少数专业人员才能掌握的技术，而是一般设备操作人员都能掌握的工具。

10.3　液压系统中的智能化控制

智能化在液压设备设计制造中发挥着重要作用，智能化不能只局限于解决某一问题，应具有其特性，并系统性地形成产业链结构形式。因此，对液压设备智能化的要求为：

（1）智能化所开发的软件必须满足工作机构动作、精度要求；

（2）智能化应有效减轻人的劳动强度；

（3）智能化要求可靠性高、成本低；

（4）智能化开发的软件应便于操作和控制；

（5）应具有远程检测与控制功能；

（6）智能化液压元件和液压系统效率高，能源及原材料消耗低。

对工程机械这一类型电液系统，可实行分布或阶梯控制，中央工控机起中央调度、分配、优化管理、监控、故障诊断等作用；可靠的 PLC 可编程控制器直接控制各子系统或各液压件；各子系统或液压件能根据自身特殊要求完成采集、处理、储存某种信息的功能，形成高度机电液一体化智能型大型复杂控制系统。它不但可节约能源、提高工程机械的作业效率和作业精度、充分有效地利用发动机的输出功率、防止液压系统过载，而且还可提高设备的可靠性和安全性。

通过"电子"和"液压"两方面的优化配合和分工，越来越多的变量控制（"弱电"功能）将转由电子技术来实现，液压器件日趋成为一个专门用以完成能量转化的功率传输（"强电"功能）元件。

这些技术是当前及今后工程机械液压系统领域发展的方向，其主要特点是把先进的计算机技术、机械电子技术、控制技术、通讯技术、软件工程等应用于工程机械的液压系统，从而实现智能化、自动化。

接下来通过对液压挖掘机和智能液压机的智能化控制的分析，来讲述液压系统智能化在工程机械中的应用。

10.3.1　液压挖掘机的智能化控制

液压挖掘机具有质量轻、体积小、结构紧凑、传动平稳、操作简单等诸多优点。随着计算机技术、电子技术、传感器技术、机电液一体化的发展，液压挖掘机正向着高效率、高可靠性、安全节能及智能化自动化方向发展。例如，可通过引入视觉、激光红外、力反馈等多种传感技术，结合不确定理论及机器学习等方法，根据获取的地形地质信息，实时估算土、石方量，优化挖掘路径和铲斗姿态，有效避障，完成卡车装载和平整作业，从真正意义上实现液压挖掘机在非结构化环境下的自主挖掘。液压挖掘机的实际工作环境是多样化的，且具有大量的不确定性，属于典型的非结构化环境。这一因素是限制自主机器人发展的难点，也是近年来国内外关注的研究热点。而液压挖掘机即是一种移动液压机械手，实现其自主控制，对宇航、深海、核反应堆等远程、危险或是其他不可靠近的场合具有重大的国防应用价值及战略意义，并可基于此对工程机械液压系统进行节能和运动控制等其他方向上的研究探索。

液压挖掘机的工作装置由动臂、斗杆、铲斗和液压缸等连杆机构组成（图10.16），通过电液控制系统控制液压油缸的伸缩实现运动控制（图10.17）。

挖掘机工作装置轨迹控制系统由电液伺服系统、控制器、压力传感器、角度传感器、操作手柄、上位机组成。在液压油缸驱动下控制动臂 θ_1、斗杆角 θ_2 和铲斗角 θ_3，实现挖掘机工作装置轨迹控制。如图 10.18 所示。

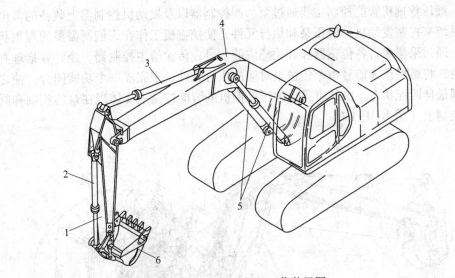

图 10.16   液压挖掘机工作装置图

1—斗杆；2—铲斗油缸；3—斗杆油缸；4—动臂；5—动臂油缸；6—铲斗

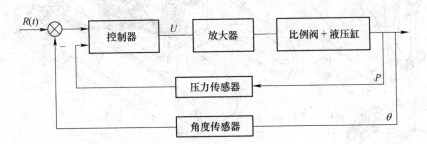

图 10.17   挖掘机电液驱动控制系统方框图

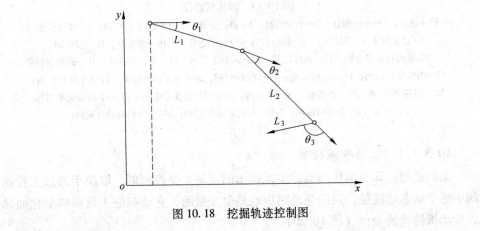

图 10.18   挖掘轨迹控制图

　　液压挖掘机智能控制主要通过泵、阀控制器以及发动机控制器上装备的微电子系统来控制发动机、液压泵和执行元件，使挖掘机工作在人们所需要的理想状态。通过采集来自各传感器和开关感应的信号，传输给主控制器，经计算推理判断后，将结果作为信号指令传送至对应的执行元件，来完成一个功能闭合，使之达到最佳匹配状态。由此可见，液压挖掘机的智能控制主要体现在泵的控制和阀的控制上（图 10.19）。

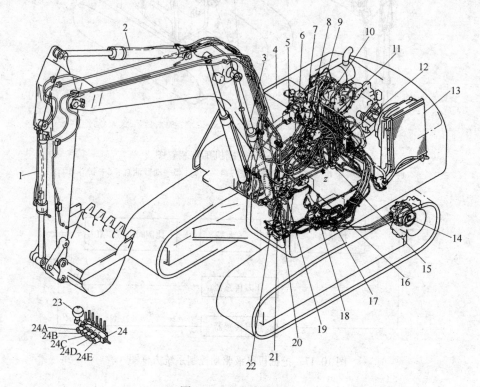

图 10.19　液压管路图

1—铲斗油缸；2—斗杆油缸；3—动臂油缸；4—液压油箱；5—LS 控制 EPC 阀；6—液压滤油器；

7—滤油器（液压锤用）；8—回转马达；9—右行走马达；10—液压泵；11—控制阀；

12—PPC 梭阀行走接合阀；13—油冷却器；14—左行走马达；15—斗杆保持阀；16—动臂保持阀；

17—PPC 安全锁阀；18—左 PPC 阀；19—右 PPC 阀；20—中心回转接头；21—行走 PPC 阀；

22—备用 PPC 阀；23—蓄能器；24—电磁阀；24A—LS 选择电磁阀；24B—2 级溢流电磁阀

24C—泵合流-分流电磁阀；24D—行走速度电磁阀；24E—回转制动电磁阀；

10.3.1.1　泵的智能控制

　　泵的控制，即负荷传感器，主泵排出的流量是受控制的，取决于通过主控制阀中每个阀芯的流量。泵的驱动扭矩也是受控制的，它要响应于负荷的变化而导致发动机转速的变化（图 10.20）。

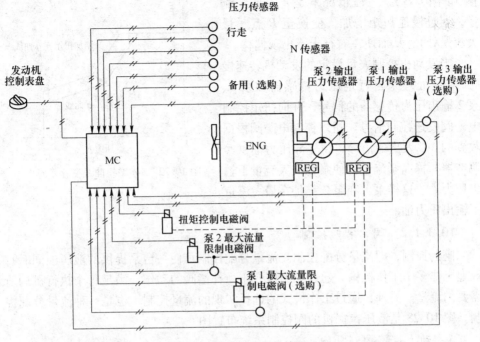

图 10.20　泵控系统简图

A　速度传感器控制功能

根据发动机负荷变化而产生的转速变化来控制系统流量，从而有效地利用发动机的功率输出（图 10.21）。

发动机的目标作业速度通过发动机控制表盘来控制。MC 计算输出监控的目标作业和实际作业的速度差，然后将信号发送至扭矩控制电磁阀。扭矩控制电磁阀根据收到的 MC 发出信号将先导压力油供给泵调节器，控制泵流量。

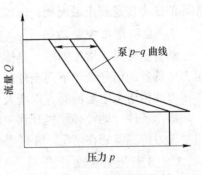

图 10.21　p-q 曲线功能控制
变化示意图

如果发动机负荷增加，致使实际作业速度低于目标作业速度，这时泵的斜盘角会减小，泵的流量减少，反之，发动机负荷减小，实际作业速度会比目标作业速度大，这时泵的斜盘角加大，泵流量将增大。泵斜盘角、泵流量随着发动机负荷的变化而变化，从而防止发动机失速，使发动机与泵达到最佳匹配状态，从而更有效地利用发动机的功率输出。

B　慢速扭矩增加控制功能

发动机在低速运转时，可以使挖掘机在最大泵流量下行驶，防止出现行走偏

移（图10.22）。一般情况下是 A 点所示流
量，通过慢速扭矩增加，变换至 B 点（最
大流量处），从而使左右行走不出现偏移。

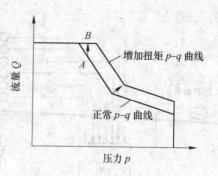

图10.22　p-q 增扭曲线变化示意图

当发动机控制表盘设定的发动机转速慢
时，MC 处理来自行走压力传感器和泵1、
泵2输出压力传感器的信号，并向扭矩控制
电磁阀发送控制信号。扭矩控制电磁阀根据
收到的 MC 发出的信号，将先导压力油供给
调节器，提高泵流量，使泵在最大流量下输
出压力油。这样泵1和泵2都是在最大流量
下输出压力油。

10.3.1.2　阀的智能控制

阀的控制，即流量分配控制。流量分配控制可使一台泵提供的液压油同时有
效地操作多个工作机构，通过控制可变压力补偿阀的动作，满足每个执行机构所
需要的流量。另外，通过工作模式的选择实现的流量控制，也是一种流量分配控
制。图10.23是液压挖掘机的阀控制系统布置图。

A　动力挖掘控制功能

动力挖掘控制功能，是通过临时增加主溢流压力，增大挖掘力。具体过程
为：动力挖掘开关打开后8s内，MC 连续激活电磁阀（SG）。电磁阀（SG）将
先导油压力传送到主溢流阀，以加大溢流开启压力，从而增大挖掘力量。

B　自动增压控制功能

动臂提升时，增加油压。具体过程为：当来自动臂提升压力传感器和泵输油
压力传感器的信号处于下列条件时，MC 激活电磁阀（SG）；电磁阀（SG）将先
导压力油传送至主溢流阀，以增大主溢阀开启压力。

操作条件：动臂必须提升到一定高度，动臂提升压力传感器输出信号，泵1
输油压力传感器处在高压，斗杆操作杆在中位。

C　斗杆流量控制功能

泵2的压力油流过斗杆1阀柱，先流到回转马达换向阀，用以保证回转功
率。具体过程：来自泵2输油压力传感器和回转、斗杆收回压力传感器的信号处
于下列条件时，MC 激活电磁阀（SE）；电磁阀（SE）将先导压力油输给斗杆流
量控制阀内的开关阀。当开关阀被推动时，油压被封闭在提升阀之后，限制提升
阀打开。提升阀限制流向主阀柱的流量，使压力油供给回转马达，它的负荷比斗
杆高。

操作条件：泵2输油；压力传感器高压；回转压力传感器有输出；斗杆压力
传感器输出信号。

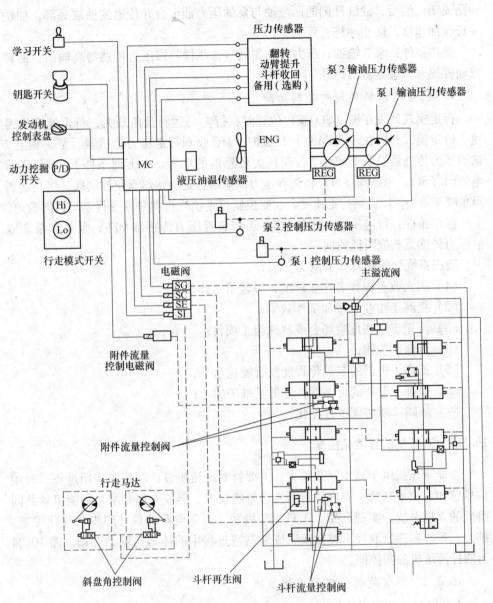

图 10.23　阀控制系统布置图

D　斗杆再生控制功能

加快斗杆收回速度，以防止斗杆收回作业时发生暂停。具体过程：MC 激活电磁阀（SC），当来自泵 2 输油压力传感器、回转压力传感器、斗杆收回压力传感器和动臂提升压力传感器的信号在下列条件时，使电磁阀（SC）输出先导压力油以移动斗杆再生阀：当斗杆再生阀移动时，从斗杆油缸侧到液压油箱的回流油路关闭。然后，油缸杆侧的回流油与泵的压力油汇合并传递到油缸底部，加快斗杆收回速度，防止斗杆暂停。

操作条件：泵 2 输油；压力传感器低压；斗杆收回压力传感器高输出；回转或动臂提升传感器输出信号。

E　行走马达斜盘角的控制功能

行走模式开关在慢（SLOW）位置时，行走马达斜盘角最大，行走速度为慢速。行走模式开关在快（FAST）位置时，MC 收到行走压力传感器、泵 1 和泵 2 输油压力传感器、泵 1 和泵 2 控制压力传感器的信号。在下列条件下，MC 激活电磁阀（SI）。电磁阀（SI）将先导压力油输给行走马达斜盘角控制阀，将马达斜盘角减至最小，以提高行走速度。改变控制行走模式也就是改变行走马达斜盘角。

操作条件：行走压力传感器 ON；工作装置压力传感器 OFF；泵 1 和泵 2 输油压力传感器数值同低或同高。

液压系统智能化有如下意义：

（1）大大改善操作者作业环境，减轻了工作强度；

（2）提高了作业质量和工作效率；

（3）可用于一些危险场合或特殊施工项目；

（4）环保、节能；

（5）提高了机器的自动化程度及智能化水平；

（6）提高了设备的可靠性，降低了维护成本；

（7）故障诊断实现了智能化。

10.3.2　液压机的智能化控制

智能液压机属于高端制造装备，主要针对液压机设计制造和使用过程，利用信息感知、决策判断、安全执行等先进智能技术，形成人类专家与智能机器共同组成的人机系统，实现产品、工具、环境和人力等资源的最佳组织与优化配置，扩大、延伸和部分取代人类在液压成型制造过程中的体力与脑力劳动。图 10.24 为四柱液压机的实体图。

10.3.2.1　智能液压机的控制系统

A　控制系统硬件

智能液压机的控制系统原理图，如图 10.25 所示。

智能液压机控制系统的硬件主要包括：工业控制计算机，数据采集/转换卡，伺服放大器和位置传感器。伺服放大器与常规电液伺服阀一起，配以各种不同的执行元件和反馈检测元件，可构成阀控缸的位置、速度、加速度、力等多种性能优良的伺服控制系统。在 D/A 控制输出和伺服放大器及位置传感器和 A/D 采集

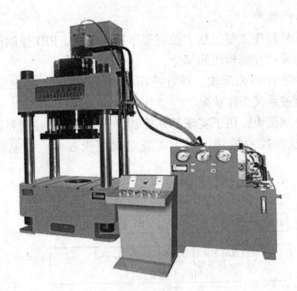

图 10.24 四柱液压机

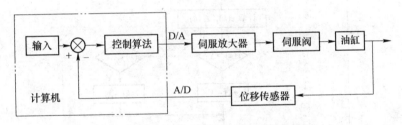

图 10.25 智能液压机控制系统原理方框图

之间，为协调各输入输出电压，需加入偏置、增益调节电路，可采用运算放大器来实现。控制系统线路如图 10.26 所示。

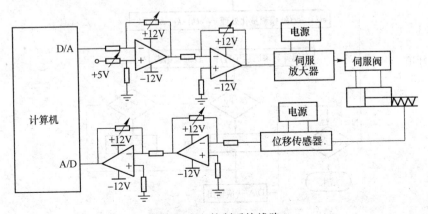

图 10.26 控制系统线路

B　控制系统软件

控制系统软件程序主要包括主控制程序界面模块、PID 控制模块、常规模糊控制模块和预测模糊控制模块四部分。

（1）主控制程序界面模块：设置液压机的工作参数，控制方法和控制参数的选择；同时监控系统工作状况。

（2）PID 控制模块：用于实现 PID 控制，其参数由主控制界面调整。

（3）常规模糊控制模块：用于实现常规模糊控制，控制流程如图 10.27 所示。

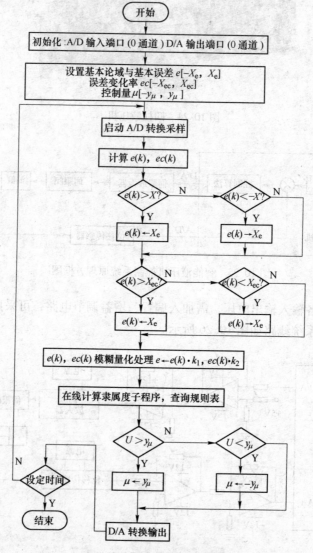

图 10.27　模糊控制算法流程图

（4）预测模糊控制模块：用于实现预测模糊控制，控制流程如图 10.28
所示。

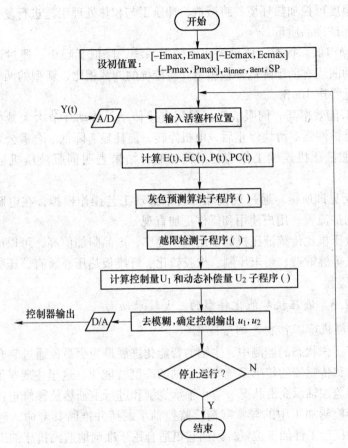

图 10.28 预测模糊控制程序流程图

10.3.2.2 智能液压机的特点

智能液压机的特点主要表现在以下几个方面：

（1）智能化。滑块运动曲线可根据不同生产工艺和模具要求（如冲裁、拉
伸、板料挤压和级进模冲压等）进行在线优化设置，可设计特殊的工作特性曲
线，进行高难度、高精度加工，实现滑块"自由运动"。

（2）效率高。可以在较大范围内设定滑块行程次数、滑块速度和行程调节
方便，能根据成型工艺，滑块可在最小行程工作，借助多工位技术和自动送料技
术，大大提高生产效率。

（3）精度高。通过伺服控制技术，液压机一般均装有滑块位移检测装置，
可以准确控制滑块的位置；滑块运动特性可以优化，例如拉伸、弯曲及压延时，

适当的滑块曲线可减少回弹，提高制件精度。

（4）功能复合化。针对等温锻造、超塑成型等新工艺，利用滑块和模具空间，构建温度可控加热环境，将锻造、冲压工艺和热处理工艺进行复合，实现一机多用，保证产品质量。

（5）噪声低。智能液压机简化了传动系统，降低了噪声。通过设定滑块的低噪声运动曲线有助于降低冲裁噪声。与传统的冲裁相比，新型的两步冲裁工艺至少可降低噪声 10dB。

（6）节能效率高。伺服液压机采用直接传动，传动环节大大减少，润滑量减少，可维护性强。滑块停止后，电机停转，能耗显著降低。合锻公司曾进行过2000kN 伺服液压机连续工作功耗对比试验，结果表明伺服液压机可节能 40%以上。

（7）所见即所得。通过现代软件技术实现工艺操作模拟，在电脑上规划并优化整个制造流程，用户使用和操作更加直观。

智能液压机比传统液压机的使用范围更广，产品附加值高，可以应用于金属板件冲压、等温锻造、粉末压制、橡胶硫化、纤维板热压、矫直、压装、注塑等精密成型工艺。

10.3.2.3　液压机智能化转型的三大技术动向

A　监测机床工作状态的智能化

在机床工作状态的监测中，主轴的智能化进展最为明显，通过装有温度传感器和载荷位移传感器的传感系统实现主轴的高度智能化。这里主要是通过 MEMS 温度传感器监控轴承润滑状况、防止轴承烧结和进行主轴热位移修正；通过载荷位移传感器检测加工中的异常载荷，监控轴承载荷并推断其寿命，避免轴承损伤。因主轴接近工件加工位置，因而它更适合用于准确地监测机床加工状态。但在主轴有限空间内安装传感系统并不简单，仍有很多课题需要研究。如通过在结构材料中安装 FBG 传感器来监测结构的热位移，以此判断和修正机床结构的热位移模式，进行主体结构温度分布控制，使热变形最小化。另外，还有运用机床结构中若干个监测点的温度和主轴的运行信息，通过 CNC 指令对刀具和工件间的相对热变形进行修正。

B　监测维修状态的智能化

为了减轻维修作业的负荷，需要有在发生大的故障之前能采取对策的系统，因此对维修状况进行经常性监测是非常重要的。积累机床工作状态的历史数据并基于此预测寿命，以及在工作状态下检测寿命，可以说是今后的研究课题。

C　确保安全性的智能化

为确保安全性的最新智能化技术，可以说是避免发生碰撞的技术。通过程序，在运动过程中以及在准备工作时就可以干涉检查。

10.3.2.4　液压机智能化的关键技术

液压机智能化的关键技术主要有：

（1）采用伺服电机直接驱动液压机的主油泵研发。目前大功率伺服电机直接驱动的液压泵还存在很多技术难点，要求液压泵的转速调节范围非常大（液压泵即使在 10r/min 以下都可正常工作），而一般液压泵最低转速为 600r/min，难以实现大范围调速要求。

（2）大功率交流伺服电机及驱动控制系统。大功率交流伺服电机目前主要采用开关磁阻电动机（SMR），具有简单可靠、可在较宽的转速和转矩范围内高效四象限运行、响应速度快和成本低等优点。驱动控制系统性能提高，价格下降，促进了大功率交流伺服驱动技术的实现和推广，为在锻压装备领域采用交流伺服驱动提供了可能。其缺点是：转矩存在较大波动、振动大；系统具有非线性特征，控制成本高，功率密度低等。研究重点是开发具有自主知识产权的大功率交流伺服电机控制技术及相关应用技术。

（3）专用控制系统。通过伺服电机转速的变化实现对液压机压力、位置的闭环控制技术目前尚不成熟。传统的液压机都是通过比例阀和比例伺服阀对压力、位置进行控制，需要研究专门的泵控系统控制算法，使液压系统在 1 ~ 25MPa 之间都具有高稳定性与高精度。由于现有的液压机多是采用 PLC 控制，但智能液压机采用压力、速度闭环程序控制，运算量大，普通的 PLC 很难满足工艺柔性化需要，必须开发采用工业 PC 的专用控制系统。

（4）能量回收及能量管理系统。为了尽可能减少能量损失，需要把滑块因自重下降的势能、油缸卸压产生的能量回收再利用，目前尚没有这方面的成熟做法与经验。在能量管理方面，由于瞬时功率比平均功率大很多倍，在大型智能液压机中要做好能量调配，避免对电网造成冲击。

（5）基于智能液压机的成型工艺优化。零件的材料、形状不同，其生产工艺也相应不同。如镁合金杯形件反挤压成型，滑块在一个工作循环内需经历四种不同的速度，工艺控制系统应能完成动作要求。智能液压机与各种成型工艺优化结合，了解最佳工艺路径，才能发挥出优越性。研究各种成型工艺的成型机理，建立适合该成型工艺的优化参数，对于提高产品质量和生产效率、降低生产成本非常重要。

（6）智能液压机机身优化设计。和传统液压机相比，智能液压机由于具有节能、降噪、功能复合等优点，其机身设计需要考虑的因素更多，主要包括各种可能出现的热加工影响、极限工况、工作频次、零件的复杂性等。长期以来，国内工程技术人员主要采用经验法与相似产品类比法进行设计，所进行的设计计算实际上仅起到校核作用。国内锻压机床产品存在体积大、质量大、控制精度差等缺点，钢材消耗是锻压机床制造企业产品成本控制的关键因素之一。目前有关的优化软件对机床系统动态加工过程考虑不多，锻压机床可靠性问题没有得到很好解决，寿命降低，维护成本增加。因此，伺服液压机的机身设计需要形成锻压机床刚度、强度和动态性能约束下的设计方法和技术体系，缩短与发达国家产品设计制造上的差距。

（7）服务于智能液压机设计、制造的软件。目前信息化和数字化融入智能液压机设计制造过程十分有限，部分制造企业处于"甩图板"阶段，企业信息化建设有待加强。智能液压机设计阶段需要有限元、优化软件进行多场耦合计算，模拟热加工工艺运行进程，给用户以直观感受。运行中需要强大的智能工艺数据库、专家库、远程故障诊断等软件支撑作在线工艺计算，实现工艺最佳。运行后及时统计相关制造信息和设备运行信息，保护设备正常运行。在这些领域，目前国内缺乏相关软件，急需组织力量研发，为智能液压机发展提供配套服务。

以微机为核心的智能化控制系统目前已在工程机械上普遍使用，并已成为高性能工程机械不可缺少的组成部分。机电一体化和智能化作为一项新的技术变革，为工程机械技术的发展注入了新鲜血液，使其性能有了质的飞跃。为了进一步提高工程机械的工作效率，降低劳动强度，改善工作环境，采用低碳环保的能源消耗模式，实现工程机械液压系统的智能化非常有必要。而随着工程机械的不断发展完善，未来的工程机械将拥有更加完整、智能化程度更高的控制系统，电子液压技术与电子计算机的高度融合是未来发展的趋势，也将拥有广阔的市场空间。虽然目前我国在这方面还处于劣势，但是知识经济一体化的时代的到来，必将为我国工程机械液压系统智能化的发展，奠定更坚实的基础。将智能化应用于液压系统，能够实现产品、工具、环境和工人等资源的最佳组织与优化配置，延伸和部分取代人类在液压成型制造过程中的体力与脑力劳动，具有非常重要的意义。

参 考 文 献

[1] 李勇. 曲轴连杆式低速大扭矩液压马达的高压化研究 [D]. 上海交通大学, 2007.

[2] 内田稔, 王宝娣. 液压泵—马达的高压化—轴向柱塞泵—马达 [J]. 机电设备, 1991, 04: 17-20.

[3] 宋友明. 面向减振降噪的高压齿轮泵结构优化设计研究 [D]. 南华大学, 2015.

[4] 赵婕. JBP-40 径向柱塞泵运动件及滑靴副的高压化研究 [D]. 太原科技大学, 2014.

[5] 白晨媛. JBP 径向柱塞泵高压化非运动件的研究分析 [D]. 太原科技大学, 2014.

[6] 刘小雄. 高压外啮合斜齿轮泵特性分析与研究 [D]. 兰州理工大学, 2013.

[7] 干培春. 液压设备与系统的高压化 [J]. 机电设备, 1998, 03: 18-23.

[8] 陈萍. 直线共轭内啮合齿轮泵高压化技术研究 [D]. 兰州理工大学, 2014.

[9] 王亚军. 高压高速轴向柱塞泵滑靴性能研究 [D]. 北京理工大学, 2014.

[10] 李康康. 高压内啮合齿轮泵关键技术研究 [D]. 辽宁工程技术大学, 2012.

[11] 陈奕泽. 超高压气动比例减压阀的仿真与实验研究 [D]. 浙江大学, 2005.

[12] 祁冠芳, 张蕉蕉, 孙家根. 液压油箱小型化及研发新动向 [J]. 机床与液压, 2011.

[13] 王文璐, 孙东宁, 冀宏, 等. 基于壳体的液压电机泵轻量化研究 [J]. 甘肃科学学报, 2015, 02: 73-77.

[14] 王文璐. 一体化电动液压动力单元的轻量化研究 [D]. 兰州理工大学, 2014.

[15] 赵武, 杜长龙. 液压元件的研究现状及发展趋势 [J]. 煤炭科学技术, 2004, 12: 71-73.

[16] 许仰曾. 我国液压工业与技术的发展现状与展望的战略思考 [J]. 液压气动与密封, 2010, 08: 1-5.

[17] "装备构件轻量化与塑性成形技术研讨会"综述 [J]. 机械工程导报, 2011, 10.

[18] 李壮云. 高水基液压技术的发展及展望 [J]. 液压工业, 1984, (2): 14-16.

[19] 吴满智. 液压工作介质及其污染控制 [J]. 内蒙古电大学刊, 2010 (2): 62-63.

[20] 吴满智. 冶金液压系统液压介质选择及应用 [J]. 内蒙古石油化工, 2009 (24): 57-59.

[21] 袁林忠. 水作为液压介质的关键技术研究 [J]. 润滑与密封, 2005, 5.

[22] 田科. 高水基液压油的应用 [J]. 液压与气动, 1981, 1: 003.

[23] 邵彦顺. 液压介质污染控制及再利用 [J]. 石化产业创新·绿色·可持续发展——第八届宁夏青年科学家论坛石化专题论坛论文集, 2012.

[24] 夏毅敏, 李艳. 液压油新发展 [J]. 中南工业大学校刊, 2000, 2.

[25] 李虹. 纯水液压的优势与关键技术研究 [J]. 新技术新工艺, 2008 (2): 第 1 期.

[26] 刘心莲. 液压工作介质发展趋势 [J]. 东南大学学报, 2005, 20-25.

[27] 顾伯勤. 新型静密封材料及其应用 [J]. 石油机械, 2003, 31 (2): 50-52.

[28] 彭旭东, 王玉明, 黄兴, 等. 密封技术的现状与发展趋势 [J]. 液压气动与密封, 2009, 29 (4): 4-11.

[29] 沈德毅. 试论当今液压技术具有高技术的属性 [J]. 机电设备, 1991 (1): 2-7.

[30] 彭熙伟, 陈建萍. 液压技术的发展动向 [J]. 液压与气动, 2007 (3): 1-5.

［31］王宗君，刘东．液压挖掘机产品造型和涂装［J］．建筑机械，1994（10）：24-26.

［32］刘天湖，孙友松．新材料新工艺在新型汽车开发中的应用［J］．精密成形工程，2001，19（1）：49-52.

［33］吴乐兵．液压支架的发展与前瞻［J］．淮南职业技术学院学报，2006，6（1）：44-45.

［34］李玉霞．采用新材料新工艺修复"85"泵［J］．金属加工：冷加工，2010（16）：61-62.

［35］杨尔庄．液压技术的发展动向及展望［C］．中国机械工程学会流体传动与控制分会——全国流体传动及控制学术会议大会交流．2004：1-7.

［36］黄兴．液压传动技术发展动态［J］．装备制造技术，2006（1）：36-39.

［37］章宏甲，王积伟，黄谊．液压传动［M］．北京：机械工业出版社，2006.

［38］徐鹏，米伯林，李杞超．液压节能技术的应用与发展［J］．农机化研究，2006，32（9）：206-207.

［39］张晓燕．液压系统的节能技术［J］．煤矿机械，2003，41（5）：33-34.

［40］陈远新，唐克岩，周立华．液压系统的节能研究与设计［J］．传动与控制，2008，10：40-42.

［41］孙威．变频调速液压电梯下降速度控制研究［D］．浙江大学，2003：3-15.

［42］José de Jesús Rubio. Structure control for the disturbance rejection in two electromechanical processes［J］. Journal of the Franklin Institute, 2016.

［43］Yarong Fu, Kai Yang, B. A. Chen, et al. 3D Domain Wall Memory-Cell Structure, Array Architecture and Operation Algorithm with Anti-disturbance［J］. Microelectronics Journal, 2017.

［44］Vrancić Damir, Strmcnik Stanko, Kocijan Jus, et al. Improving disturbance rejection of PID controllers by means of the magnitude optimum method［J］. ISA Transactions, 2009, 49（1）.

［45］Lumbar Satja, Vrancić Damir, Strmcnik Stanko. Comparative study of decay ratios of disturbance-rejection magnitude optimum method for PI controllers.［J］. ISA Transactions, 2007, 47（1）.

［46］Garrido Ruben, Miranda Roger. DC servomechanism parameter identification：A closed loop input error approach［J］. ISA Transactions, 2011.

［47］Guojie Zheng, Jun Li. Stabilization for the multi-dimensional heat equation with disturbance on the controller［J］. Automatica, 2017, 82.

［48］Minlin Wang, Xuemei Ren, Qiang Chen, et al. Modified dynamic surface approach with Bias Torque for multi-motor Servomechanism［J］. Control Engineering Practice, 2016.

［49］李壮云．液压元件与系统［M］．北京：机械工业出版社，2005.

［50］尚涛，赵丁选，肖英奎，等．液压挖掘机功率匹配节能控制系统［J］．吉林大学学报（工学版），2004，10.

［51］马铸．工程机械关键基础部件及其技术发展展望［J］．徐州工程机械杂志，2004（2）.

［52］张晓燕．液压系统的节能技术［J］．煤矿机械，2003，41（5）：33-34.

［53］刘围文，俞浙青．浅谈几种液压节能技术的原理及应用［J］．液压气动与密封，2005，23（1）：4~6.

［54］黄昕．液压元件节能途径的研究［J］．现代机械，2002，18（2）：54-55.

［55］李军，付永领，王占林．一种新型机载一体化电液作动器的设计与分析［J］．北京航空航天大学学报，2003，29（12）：1101-1104.

［56］吴文静，刘广瑞．数字化液压技术的发展趋势［J］．矿山机械，2007，08：116-119.

［57］韩荻．基于 AMESIM 的顶驱液压系统设计及数字化仿真［D］．天津大学，2012.

［58］李宏伟．电动液压助力转向系统数字化控制研究［D］．天津大学，2006.

［59］刘广瑞，吴文静．液压元件数字化控制的创新思考［J］．矿山机械，2007，12：145-148.

［60］闫向彤．液压支架的数字化样机设计与仿真［J］．矿山机械，2010，17：10-12.

［61］孙峰，钱荣芳，马群力．数字式液压缸和数字式液压系统［J］．液压与气动，2002，08：42-44.

［62］卞永明，沈天曜，苏炎，等．基于 AutoCAD 的液压系统数字化设计软件开发［J］．中国工程机械学报，2015，05：429-435.

［63］王亮申，李刚，田忠民，等．液压缸的数字化设计［J］．机床与液压，2006，12：200-201.

［64］吴文静，刘广瑞．数字化液压技术的控制方法研究［J］．液压气动与密封，2007，06：16-20.

［65］宋锦春．电液比例控制技术［M］．冶金工业出版社，2014.

［66］Song Jinchun, Chen Jianwen, Zhang Zhiwei. The application of optical rotation principle in density of oil mist measuring［J］. Applied Mechanics and Materials, 2009.

［67］宋锦春，黄裘俊．一种全液压势能回收节能型抽油机［P］．中国专利：CN204571947U，2015，08.

［68］牛壮．双斜盘轴向柱塞式海水液压电机泵的研究［D］．华中科技大学，2011，01，10.

冶金工业出版社部分图书推荐

书　名	作　者	定价（元）
机械振动学（第2版）	闻邦椿　主编	28.00
机电一体化技术基础与产品设计（第2版）（本科教材）	刘　杰　主编	46.00
电液比例控制技术（本科教材，中英对照）	宋锦春　编著	46.00
液压与气压传动实验教程（本科教材）	韩学军　等编	25.00
电液比例与伺服控制（本科教材）	杨征瑞　等编	36.00
机器人技术基础（第2版）（本科教材）	宋伟刚　等编	35.00
现代机械设计方法（第2版）（本科教材）	臧　勇　主编	36.00
机械优化设计方法（第4版）	陈立周　主编	42.00
机械可靠性设计（本科教材）	孟宪铎　主编	25.00
机械故障诊断基础（本科教材）	廖伯瑜　主编	25.80
机械电子工程实验教程（本科教材）	宋伟刚　主编	29.00
机械工程实验综合教程（本科教材）	常秀辉　主编	32.00
液压润滑系统的清洁度控制	胡邦喜　等著	16.00
液压可靠性最优化与智能故障诊断	湛丛昌　等著	70.00
液压元件性能测试技术与试验方法	湛丛昌　等著	30.00
冶金设备液压润滑实用技术	黄志坚　等著	68.00
液压元件安装调试与故障维修图解·案例	黄志坚　等著	56.00
液力偶合器使用与维护500问	刘应诚　编著	49.00
液力偶合器选型匹配500问	刘应诚　编著	49.00